特高压直流

电气设备现场试验

国网湖北省电力有限公司电力科学研究院　组编

陈隽　主编

中国电力出版社
CHINA ELECTRIC POWER PRESS

内 容 提 要

为推进特高压电气设备现场试验新技术和新装备的应用,满足特高压直流输电工程高质量建设和精益运维检修的需求,国网湖北省电力有限公司电力科学研究院组编了《特高压直流电气设备现场试验》一书。

全书共 9 章,介绍了我国特高压直流电气设备现场试验技术、试验装备、技术标准、工程应用的最新进展,内容涵盖特高压换流变压器、直流转换开关、直流输电线路、换流阀等关键电气设备。

本书可供从事电力试验、建设、运维、制造等相关工作的技术人员以及高校师生参考使用。

图书在版编目(CIP)数据

特高压直流电气设备现场试验 / 国网湖北省电力有限公司电力科学研究院组编;陈隽主编. —北京:中国电力出版社,2023.11
　ISBN 978-7-5198-8263-1

Ⅰ. ①特… Ⅱ. ①国… ②陈… Ⅲ. ①特高压输电–直流输电–高压电气设备 Ⅳ. ①TM7

中国国家版本馆 CIP 数据核字(2023)第 209579 号

出版发行:中国电力出版社
地　　址:北京市东城区北京站西街 19 号(邮政编码 100005)
网　　址:http://www.cepp.sgcc.com.cn
责任编辑:罗　艳(010-63412315)
责任校对:黄　蓓　李　楠
装帧设计:张俊霞
责任印制:石　雷

印　　刷:三河市万龙印装有限公司
版　　次:2023 年 11 月第一版
印　　次:2023 年 11 月北京第一次印刷
开　　本:710 毫米×1000 毫米　16 开本
印　　张:15.25
字　　数:252 千字
印　　数:0001—1500 册
定　　价:98.00 元

编 委 会

前　言

自 2004 年国家电网有限公司提出研发±800kV 特高压直流输电技术，组织国内外 160 多家单位联合攻关开始，我国特高压直流输电就开启了快速发展的历程。2010 年，国家电网有限公司向家坝—上海、中国南方电网有限责任公司云南—广东±800kV 特高压直流输电示范工程建成投运。截至 2022 年底，国家电网有限公司已建成投运 15 回±800kV 和 1 回±1100kV 特高压直流输电工程，额定输送功率最高达 12GW，最远输送距离达 3293km，总换流容量达 271.2GW，线路总长达 28925.2km。

随着特高压直流输电技术的不断发展，我国在过电压绝缘配合、电磁环境控制、直流设备研制等关键技术方面不断取得突破，实现了直流电压、输送容量和交流电网侧电压的"三提升"；与此同时，直流输电关键一次设备的参数与性能得到了大幅度提升，包括大容量换流变压器、直流套管、大容量换流阀等。以换流变压器为例，±1100kV 换流变压器相比±800kV 换流变压器，单台容量达到 600MVA，提升 20%；阀侧绝缘水平达到 2100kV，提升 31%；全装长度达到 37m，提升 45%；全装质量达到 920t，提升 55%。

更高电压、更大容量和更先进的特高压直流输电一次设备给现场试验技术和试验设备也带来了前所未有的挑战。第一，随着电压等级和容量的提升，一些耐压类设备也需要更高的电压和更大的试验容量，这就对现场试验设备的可移动性和可运输性构成了挑战；第二，超大容量的换流变压器运输难度和成本极高，解体运输的换流变压器或者现场进行解体检修的换流变压器可能需要在现场开展空载、负载、阀侧外施耐压等一般不安排在现场开展的大型试验项目，需要有针对性地开发适用于现场环境的试验技术和设备；第三，现场试验环境条件与制造厂高压试验室内的环境条件完全不可比拟，一些需要精确测量的试验项目需要针对现场环境开发更加有效的抗干扰测量方法；第四，特高压直流设备是交直流混联电网的枢纽节点，其安全可靠运行尤为重要，需要开发更新的试验测试技术以全面掌握设备的健康状态。

针对这些工程难题，电力领域科研机构、仪器装备生产厂家开展了大量的科学技术研究和装备研制工作，并在工程现场应用中进行迭代升级，取得了丰硕的成果。例如，大容量高压变频电源和空负载试验成套装置、基于一体化自举升谐振电抗器的阀侧外施耐压整装试验平台、积木式组装直流高压发生器成套试验装置、变压器低频短路电流干燥装置等均在特高压工程中得到了广泛应用。这些新型试验装置或基于新的试验原理，或在尺寸结构及性能指标上有明显提升，并具备整装化、机动化优势，从而降低了试验装置的运输安装难度，简化了现场试验的作业流程，且基于"用机器替代人"而降低了作业风险，大大提高了工作效率。

一些新的试验方法和技术也得到了研究和开发，如直流转换开关振荡特性测试技术、特高压换流变压器局部放电试验抗干扰及定位技术、特高压直流输电线路参数测试现场抗干扰技术、考虑谐波的换流变压器铁心接地电流检测与诊断技术等。这些新方法、新技术拓展了试验领域，为及时发现设备缺陷或故障提供了保障。

通过工程实践，不断总结提升。据不完全统计，通过各类组织发布的涉及高压电气设备试验技术的基础性、通用性和设备类相关技术标准达 190 余项，但仍不能完全满足现场试验的需求。随着特高压直流输电技术的发展和试验技术、试验装备的进步，近年来国内对特高压电气设备现场试验技术标准进行了修改和补充完善，着重对现场试验新技术、新方法、新装备制定了相关技术标准，推动了标准化工作的发展。

本书出版的宗旨是通过总结近年来特高压直流电气设备现场试验技术、试验装备和试验标准的进展，为满足特高压直流输变电工程高质量建设和精益运维检修需求提供支撑，更好地推进特高压直流电气设备现场试验新技术和新装备在电力行业中的应用，从而提高电网安全运行水平和设备运行可靠性。

本书共 9 章，主要包括特高压换流变压器、直流转换开关、直流输电线路、换流阀等电气设备的现场试验新技术、新装备、标准解读等方面的内容。本书内容主要从以下几个方面进行阐述：在技术研究方面，基于技术原理及特点重点介绍了相关设备现场试验的关键技术及实施要点；在试验装备研制方面，重点介绍了相关试验装备的研制难点和关键技术点；在标准解读方面，重点介绍了该类设备现场试验技术标准的变迁和关键技术条款；在技术应用方面，基于工程应用重点介绍了相关技术和装备的应用成果等。本书将使读者对特高压直流电气设备现场试验技术、装备、标准有一个整体的了解。

本书编写人员长期从事电力行业研究、试验、建设、运维及制造等工作，具有丰富的工作经验。本书既注重基本概念的阐述，又辅之以大量的工程应用实例，图文并茂、深入浅出地讲解了特高压直流电气设备现场试验的新技术、新装备及其应用情况。本书可供从事电力试验、建设、运维、制造等相关工作的技术人员以及高校师生参考使用。

由于作者水平有限，书中难免存在疏漏之处，恳请读者提出批评和建议。

编　者

2023 年 10 月

目　　录

第 1 章
特高压换流变压器阀侧直流外施耐压和局部放电试验技术

1.1 概　　述

特高压换流变压器是特高压直流工程中最重要的设备之一，也是交直流输电系统中联结交直流电场的核心设备，其稳定性和可靠性对整个直流系统的运行起着至关重要的作用。相比交流变压器，换流变压器承受的电场更为复杂，尤其是阀侧绝缘，要承受交直流复合电场，其结构比一般的交流变压器更为复杂，电气绝缘问题更为突出。因此，开展特高压换流变压器阀侧直流外施耐压和局部放电试验，考核其阀侧绝缘水平，对保障设备安全投运有着重要意义。

对长期运行和新安装的换流变压器进行绝缘诊断和出厂考核试验，是评价换流变压器状态的重要方法。但是，一方面，该试验为外施耐压试验，且施加直流电压高，导致对试验装置有较高的要求；另一方面，现场试验环境复杂，电晕等干扰难以全面排除，导致试验结果的准确性难以保障。因此，长期以来，特高压换流变压器阀侧直流外施耐压和局部放电试验在现场未能有效实施，造成换流变压器绝缘考核项目缺失。

本章介绍了特高压换流变压器阀侧直流外施耐压和局部放电试验的试验接线、脉冲电流法局部放电测量及抗干扰、局部放电信号的超声定位、用于排除干扰的紫外成像等关键技术，以及该试验的关键装备——直流高压发生器，解读了在现场开展该试验时应遵循的标准技术规范，介绍了两例成功的工程应用示例，为特高压换流变压器阀侧直流外施耐压和局部放电试验的开展提供了参考和借鉴。

1.2 关　键　技　术

1.2.1 试验接线

开展特高压换流变压器阀侧直流外施耐压和局部放电试验时，阀侧绕组采用短接加压方式，网侧绕组应短接并与换流变压器外壳一起可靠接地，即 a、x套管短接加压，A、X 套管接地，试验接线如图 1－1 所示。

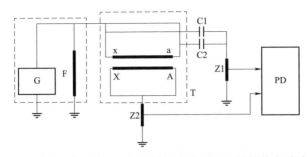

图 1-1　特高压换流变压器阀侧直流外施耐压和局部放电试验接线

G—直流高压发生器；F—高压分压器（发生器内置）；C1、C2—阀侧套管电容；Z1、Z2—检测阻抗；PD—直流局部放电测试仪；T—被试换流变压器（分接开关置于 N 挡）；A、X—网侧绕组端子；a、x—阀侧绕组端子

1.2.2　脉冲电流法局部放电测量及抗干扰技术

在现场进行换流变压器绕组连同套管的直流耐压及局部放电测量时，除要按照相关标准要求接线和测量外，最主要的试验技术就是现场对影响直流局部放电测量的干扰源进行准确识别并采取相应的抑制措施。

1. 直流局部放电与交流局部放电的区别

直流局部放电和交流局部放电均采用脉冲电流法。其基本测量原理为：当高电压在试品 Cx 上局部放电时，试品 Cx 两端产生一个几乎是瞬时的电压变化 Δu。把试品接入检测回路，就会产生脉冲电流。局部放电引起的脉冲电流在放大器的输入单元 Zm 上产生一个脉冲电压，该脉冲电压经滤波、放大器放大、采集，再经过计算机的处理、计算，得到由脉冲幅值确定的放电强度等参数。

但由于直流局部放电产生的随机性与交流局部放电的重复性，它们在机理上差别极大，交流局部放电测量技术不适用于直流局部放电测量。因此，根据直流局部放电信号的特点，研究直流局部放电脉冲极性判断方法和放电次数统计算法，对现场准确识别直流放电脉冲非常关键。

2. 直流局部放电脉冲极性判断方法

在直流局部放电测量中，放电脉冲电流的极性对于判断放电位置和次数极其重要。直流局部放电时产生的主要是单次脉冲，展开后发现实际存在多次过"零点"的振荡波形。

通常在测量中使用以下两种方式来判断放电脉冲极性。

第一种是以放电脉冲的最大值波峰为依据来判断放电脉冲的极性。若以最大值判断极性，而放电脉冲强度很大，可能超出量程范围，因此无法有效判断放电极性。如图 1-2 所示，红色区域的波形峰值都超出了量程范围，这样的放电脉冲无法用来判断放电极性。

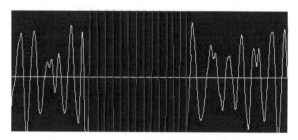

图 1-2　放电脉冲超出量程

第二种是以放电脉冲的第一个波峰为依据来判断放电脉冲的极性。而放电脉冲的第一个波峰容易被噪声所覆盖，因此很难区分放电脉冲极性。在图 1-3 中，第一个波峰为正极性，判断放电脉冲为正极性。在图 1-4 中，如果现场噪声比较大，干扰信号比较强，对同样的放电脉冲，第一个波峰为负极性，判断放电脉冲为负极性。说明利用这种判断方法在不同的试验环境下可得到不同的放电极性。

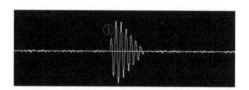

图 1-3　正极性放电波形

图 1-4　现场噪声较大时的放电波形

针对现场试验情况，可以使用阈值法来有效判断放电脉冲的极性。其判断方法是：若局部放电脉冲超过设定阈值的第一个脉冲波峰为正极性，则放电脉冲为正极性；反之，放电脉冲为负极性。这种方法既能有效避免背景噪声过大的干扰，也能避免因放电脉冲过大超过测量范围而无法找到最大值峰值。如图 1-5 所示，若规定放电阈值为 100pC，该阈值设定超过背景噪声的干扰，可以看出超过阈值的波峰为正极性，所以放电脉冲为正极性。

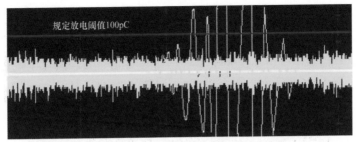

图 1-5　规定放电阈值

3. 直流局部放电次数计算方法

在直流局部放电测量中，放电次数是被试换流变压器试验是否合格的判定依据，所以放电次数是一个至关重要的参数。在直流局部放电测量中，放电脉冲值超过所规定的放电阈值（2000pC）为一次放电，而在现场测量中，放电脉冲振荡拖尾时间比较长，这样可能将一次脉冲统计成很多次放电，如图 1-6 所示，本来一次放电被统计成三次放电。

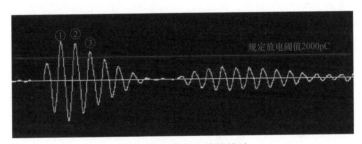

图 1-6　放电次数的统计

为了保证放电次数统计的准确性，可采用以下两种方法。

第一种：延时统计放电次数。每次放电脉冲都有其固有的振荡周期，所以确定一次放电脉冲时，可以延时一段时间后再统计放电脉冲。如图 1-7 所示，当第一个脉冲超过规定放电阈值时，统计一次放电，延时一段时间 t 后，再进行放电次数统计，这样可以保证将一个振荡周期统计成一次放电。

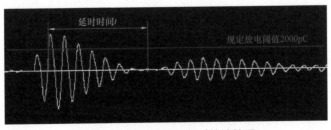

图 1-7　放电脉冲的延时统计处理

第二种：利用触发电平统计放电次数。如图 1-8 所示，①~⑦标记着放电波形的拐点，红线代表用来统计放电次数的触发电平值。例如，标记①~⑤处的峰值超过规定放电阈值（2000pC），标记⑥、⑦处的峰值都低于规定放电阈值（2000pC），当放电脉冲峰值一直超过规定放电阈值时，不重复统计放电次数，一旦峰值小于规定放电阈值，该放电波形被统计成一次放电。

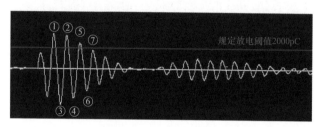

图 1-8　放电脉冲的触发电平处理

在现场直流局部放电测量中综合应用这两种统计方法，能够确保放电次数统计的准确性，符合标准要求。

4. 基于脉冲极性的干扰信号鉴别方法

直流局部放电的特征参数是视在放电量和脉冲个数，且直流局部放电的脉冲个数取决于油纸绝缘材料的电气时间常数，其数值远低于交流局部放电脉冲的周期重复时间。在实际测量时，由于直流局部放电脉冲呈现出随机、无相位参考、重复率低等特点，因此不能完全采用交流局部放电测量时所用的脉冲鉴别方法。但是，直流局部放电脉冲与所施加的直流电压极性有关，采用极性判断方法可将被试设备内部的局部放电信号与外部干扰区分开来，这是解决现场试验外部干扰问题的主要技术手段。

在进行现场直流局部放电试验时，外部干扰可能会影响正常局部放电的测量。极性抗干扰技术能够消除换流变压器空间的外部干扰，其原理如图 1-9 所示。

外部干扰由引线串入变压器内部，其传输回路分别经过套管接地线和铁心接地线汇入大地，如图 1-9 中 a、b 所示的两条回路；而变压器内部放电的传输回路可以由放电点经套管地屏、大地、铁心接地线到放电点构成，如图 1-9 中 c 所示的回路。所以，外部干扰在套管接地线和铁心接地线上产生的电流极性相同，而变压器内部放电在套管接地线和铁心接地线上产生的电流极性相反。利用干扰和放电极性不同的原理，可以判断脉冲信号是内部放电还是空间干扰。

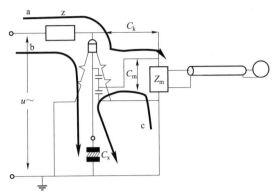

图 1-9　极性抗干扰原理

如图 1-10 所示，变压器高低压绕组间发生局部放电时，高低压绕组的放电脉冲极性相反。

如图 1-11 所示，变压器高压纵绝缘发生局部放电时，高低压绕组首末端放电脉冲极性相反。

如图 1-12 所示，变压器高压端部对地发生局部放电时，高低压绕组各端的放电极性相同。

5. 信号来源判断方法

现场换流变压器直流外施耐压和局部放电试验等效原理接线如图 1-13 所示。

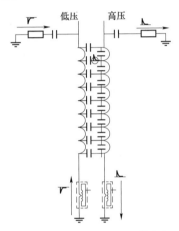

图 1-10　变压器高低压绕组间发生局部放电

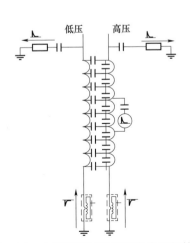

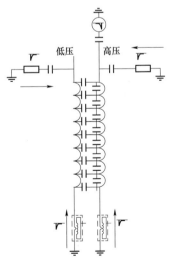

图 1-11　变压器高压纵绝缘发生局部放电　　图 1-12　变压器高压端部对地发生局部放电

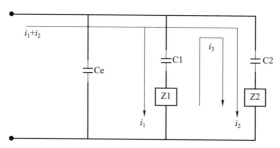

图 1-13　换流变压器直流外施耐压和局部放电试验等效原理接线

Ce—等效直流高压发生器；C1—等效换流变压器阀侧绕组；

C2—等效换流变压器网侧绕组；Z1、Z2—检测阻抗

外部干扰电流（$i_1 + i_2$）将在检测阻抗 Z1、Z2 上产生同向脉冲信号；C1（阀侧）或 C2（网侧）内部的局部放电电流 i_3 将在检测阻抗 Z1、Z2 上产生反向的脉冲信号。当电源极性为正时，若 C1 中发生局部放电，则 Z1 上产生正极性脉冲信号，Z2 上产生负极性脉冲信号；若 C2 中发生局部放电，则 Z2 上产生正极性脉冲信号，Z1 上产生负极性脉冲信号；若高压引线产生电晕或外部等效电容 Ce 发生局部放电，则 Z1、Z2 上产生负极性脉冲信号。

6. 声电综合判断

使用多个探头对试品进行探测，试品内部局部放电的同时会产生电脉冲和超声脉冲。将超声探头置于试品表面，若探测到电脉冲的同时发现有一超声信号，则说明该电脉冲就是内部局部放电信号。至于该放电产生于试品的哪一部分，可根据所加电压极性和脉冲来判断。例如，当试验电压为正极性时，有一对声电同步信号，若电信号为正脉冲，则为在 C1 内产生；若电信号为负脉冲，则为在 C2 内产生。反之亦然。

综上所述，采用直流局部放电脉冲极性判断脉冲信号来自试品内部还是外部、试品 C1 还是 C2，是完全可行的。若辅助超声检测，效果会更好。

1.2.3　超声定位技术

变压器中局部放电故障的产生和发展将伴随着声发射现象，放电源也就是声发射源。变压器内部有局部放电时会产生超声波，这些超声波经过变压器油的传播后到达变压器箱壁，贴在变压器箱壁上的超声波换能元件（传感器）就可以接收到这些超声波。一般来说，超声波换能元件是压电传感器，它能把超声波信号转换成电信号，然后传送到测试仪器的信号放大和处理单元，再由分

析软件对其进行分析。

可根据被动声测原理对变压器的内部放电进行测量和定位。可将若干个超声探头放置在变压器箱壳表面相分离的几个点上，组成声测阵列，测定由声源到各探头的直接波传播时间或各探头之间的相对时差。将这些时间或相对时差代入满足该声测阵列几何关系的一组方程求解，便可得到放电源的位置坐标。变压器超声检测及定位技术主要采用以下两种方法：一种是球面定位法，即电 – 声定位法；另一种是双曲面定位法，即声 – 声定位法。

由于声信号的时间起点不易准确确定，因此当电信号的时间起点比较明显时，电 – 声定位法的精度要比声 – 声定位法的精度高。但是，在现场进行变压器放电定位测量时，由于现场干扰的存在，难以获取稳定精确的局部放电信号，因此一般采用声 – 声定位法。使用声 – 声定位法时至少需要 4 个传感器，利用更多的传感器能够得到更准确的定位结果。在信号测量处理过程中，要不断调整传感器的位置，保证其所接收的信号有效，以减少测量时延误差，降低定位偏差。

1. 换流变压器超声波检测定位中的干扰

由于特高压换流变压器体积大、内部结构复杂、油箱振动及噪声大等，给超声波检测定位带来很大的困难。换流变压器的噪声等干扰有以下特性：

（1）声级高。换流变压器由本体及散热器两大部分组成，其向外辐射的噪声是由换流变压器工作时的电磁噪声及散热器冷却风扇噪声综合而成的。经测试识别，换流变压器本体近场声压级在 92～105dB，冷却风扇噪声在 75dB 左右。

（2）频带宽。根据对换流变压器噪声的频谱测试分析可知，受换流变压器绕组铁心在磁通作用下产生磁致伸缩的影响，换流变压器噪声在低频部分有明显的峰值；而受冷却风扇的影响，换流变压器噪声在中、高频带声级也较高。因此，换流变压器噪声总体呈宽频带特性。

2. 基于小波变换的信号处理

传统的消噪方法是基于傅里叶变换的"滤波法"，即让信号通过相应的低通或带通滤波器，从而滤除信号的带外噪声，但这种方法对于信号带内的噪声无能为力，不能达到有效消去噪声、提取信号的目的。

基于小波变换的局部放电信号优化处理方法是一种信号的时间-尺度（时间-频率）分析方法，它具有多分辨率分析的特点，而且在时频两域都具有表征信号局部特征的能力，是一种窗口大小固定不变但其形状可以改变，且时间窗和频率窗都可以改变的时频局部化分析方法。

对混合信号优化处理的根本原则是去除噪声，以还原其真实面目，更好地被辨识；信号压缩的根本原则是将贡献小或没有贡献的小波包系数去掉，只记忆其他有效的小波包系数。进行超声波局部放电信号测量时就已经采取了抗干扰措施，对采集到的局部放电信号采取了一定的去噪等措施，遏制了其中无用、无效的成分，再利用小波变换进行压缩处理，可以减小数据量，最终达到优化的目的。

3. 充电变压器超声检测

将传感器布置在充电变压器和分压器外壳上，如图1-14所示。检测充电变压器和分压器放电脉冲，同时与被试换流变压器套管末屏监测的直流电脉冲相比较，可以分辨换流变压器内部和外部信号的来源，进而排除干扰。

图1-14　充电变压器超声检测传感器布置

4. 被试换流变压器内部放电超声检测

针对被试换流变压器的绝缘结构特点，在升高座、出线位置重点布置传感器，布置位置如图1-15所示。通过与被试换流变压器套管末屏监测的直流电脉冲相比较，确认内部放电信号，达到辅助判断的目的。

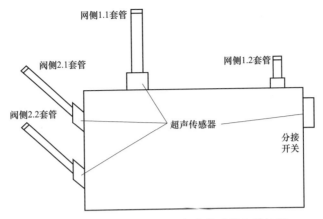

图 1-15　被试换流变压器超声传感器布置位置

5. 局部放电信号搜索

在待测设备的接地外壳上布置超声传感器并采集分析获得的信息。具体方法为：

（1）传感器布置及系统连接。在传感器测试面均匀涂抹耦合剂，根据测试要求的位置安放，用力按压使其充分接触，耦合良好。根据被测设备的大小和表面积布设，一个传感器搜索超声信号的区域不要超过 0.8m×0.8m。为取得搜索效果和工作效率之间的平衡，可采用多个传感器，在试验期间对一台变压器移动 3、4 次来搜索超声信号。

（2）系统测试。测试系统准备完毕后，在超声传感器附近轻轻敲击试品表面，如果各通道都能接收到明显信号，说明硬件连接无误；否则，应检查硬件连接或软设置是否有误。

（3）信息采集和分析。为了从现场干扰信号中识别局部放电超声信号，一般采用以下三种方法来区分局部放电超声信号与干扰信号：

第一，声信号波形一般表现出开始较大，而后持续衰减振荡的三角形状，信号的中心频率在 150kHz 左右。

第二，声信号的时长一般大于 0.6ms，如果波形较短，则通常认为是受电磁干扰的影响。

第三，不同位置的声传感器所接收到的信号具有一定的时延关系。根据实际换流变压器的尺寸和声波在高压电器内传播的速度，时延的范围应为 0～2ms。如果所有接收到的声信号都同步，没有时延关系，那么这组信号是受到某种干扰信号的影响。

采取多幅多通道信号图进行连续播放，同时对比不同位置的声传感器信号与相同位置不同时间的声传感器信号，就能够从仪器采集的大量振动干扰信号中分离出局部放电超声波信号。

6. 故障定位

对搜索到的疑似信号，结合局部放电测量结果等试验情况，进行故障定位工作。当怀疑设备内部存在疑似放电情况时，开展该阶段的工作，具体方法为：

（1）调整超声传感器位置，提高疑似局部放电超声源区域的超声传感器布置密度，对搜索到的信号进行进一步分析。

（2）选取信号波形接近放电超声标准波形、幅值较大、接收超声信号较多的超声传感器。

（3）根据待测设备形状和疑似局部放电超声源可能的位置选取合适的定位坐标原点。

（4）测量各超声传感器与定位原点的空间坐标。

（5）根据各坐标信息和相互时延关系，进行定位计算。

1.2.4 紫外成像技术

换流变压器现场绕组连同套管的直流外施耐压和局部放电试验要求电压高，在加压试验回路设备外部容易产生电晕放电，进而严重影响直流局部放电的测量。

电晕放电的来源主要包括：① 加压试验回路设备外部放电；② 换流变压器阀侧高压套管端部放电；③ 试验回路周边悬浮物体放电。

现场在保证安全距离的情况下，应尽量靠近被测设备进行紫外成像监测。同时，对紫外监测结果与局部放电实时波形进行同步比较，以判断电晕放电对局部放电测量的影响程度。

1.3 试 验 装 备

直流高压发生器是特高压换流变压器直流耐压带局部放电检测成套装置的核心部件，其基本原理为倍压整流技术。基于倍压整流原理的各种充电回路对比分析见表1-1。

表 1-1   各种充电回路对比分析

充电回路	优点	缺点	适用范围
单级单边	纹波小，成本最低	电压不高，内阻大	电压等级不是很高，负载不是很大
多级单边	电压高，成本较低	纹波最大，内阻最大	电压等级高，几乎无负载电流
单级对称	纹波最小，内阻最小	电压不高，成本较高	电压等级不是很高，负载电流很大
多级对称	内阻较小，电压高	纹波较大，成本最高	电压等级高，负载电流较大

由于换流变压器现场耐压及局部放电试验要求电压高，需要的负载电流较大，同时考虑减少现场占地、降低试验设备高度等因素，应选择多级对称倍压整流的直流高压发生器，其原理结构如图 1-16 所示。

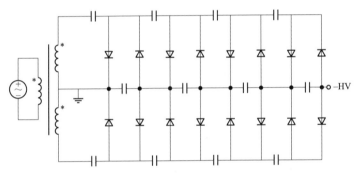

图 1-16   多级对称倍压整流的直流高压发生器原理结构

多级对称倍压整流的直流高压发生器主要由交流电源、变压器、高压整流硅堆、电容器等元件组成。

充电电源将输入的 380V 交流电转换为频率、电压均可连续变换的稳压电，通过直流高压发生器本体（用硅堆表示）对电容进行充电。采用脉宽调制（PWM）开关型充电电源，因其固有的暂态特征，可能在转换过程中产生高达上万皮库（pC）的暂态高频脉冲，进而干扰局部放电检测。应采用使用线性放大技术的充电电源，通过滤波和反馈回路控制，输出理想的正弦波。整个过程不存在暂态产生环节，从而避免了高频脉冲。

高压硅堆作为倍压整流电路的重要器件，由若干硅粒子（二极管串联）组成。每个二极管均以半导体 PN 结为基础，实现正向导通、反向截止的功能。因结电容的存在，二极管关断转换必然有一个开关时间延迟的过程，相当于 PN 结电容的充、放电过程，因此会出现较大的反向电流，并伴随着明显的反向电压过冲。延迟时间就是结电容的充放电时间，其长短取决于二极管本身的结构，也与外部电路和负载有关。二极管反向恢复典型特性如图 1-17 所示。

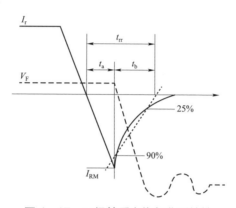

图 1-17　二极管反向恢复典型特性

I_r—负载电流；V_F—正向导通电压；I_{RM}—反向峰值电流

二极管反向恢复时的损耗在 $t_a + t_b$（一般为几十纳秒到几微秒）时间内释放，必然导致反向恢复电压和电流波形呈现高频振荡。二极管反向恢复时的损耗 P 与整流电流的大小和正反向电压有关。直流高压发生器中的每个硅堆（多个二极管串联）承受的电压高达几十千伏，电流可达几十毫安，因此二极管反向恢复时的损耗 P 较大，在关断过程中释放的能量也大，这是产生高频脉冲的主要原因。在实际操作中，可通过降低充电频率来抑制直流高压发生器本体硅堆关断时的暂态脉冲。

以某适用于 ±1100kV 电压等级换流变压器现场开展阀侧直流外施耐压和局部放电试验的无局部放电直流高压发生器为例，介绍其主要结构及关键参数，为无局部放电直流高压发生器的设计提供参考：

（1）基本信息。该无局部放电直流高压发生器使用多级对称倍压整流原理，由 6 个可拆卸的倍压组件构成，其中 2、4 与 3、5 可互相替换。根据试验需求，可将倍压组件以不同形式组合，以满足不同的试验电压与电流需求。无局部放电直流高压发生器各种充电回路对比分析见表 1-2。

表1-2　　　　　无局部放电直流高压发生器各种充电回路对比分析

最大电压（kV）	最小节数	组合形式	最大电流（mA）
800	2	1+6	90
1600	4	1+2+3+6	45
		1+2+5+6	
		1+3+4+6	
		1+4+5+6	
2400	6	1+2+3+4+5+6	30

无局部放电直流高压发生器的现场组装图如图1-18所示。

图1-18　无局部放电直流高压发生器的现场组装图

（2）直流输出电压。±1100kV及以下直流工程换流变压器出厂试验要求阀侧直流耐压为1736kV。考虑各类地区的海拔、气象条件、安全系数等，取1.2倍的裕度系数，则输出直流电压 U_0 不应小于 $1.2 \times 1736kV = 2083kV$。进一步考虑倍压筒的参数，则直流高压发生器的输出电压应取2400kV。

（3）直流输出电流。换流变压器阀侧绝缘电阻最小为17500MΩ，在1736kV电压下电流只有0.099mA，一般选择输出电流为5mA即可。但考虑到现场直流高压发生器和被试换流变压器表面泄漏电流的影响，同时考虑输出电流的稳定性，参考制造厂出厂试验经验，选择额定输出电流为 30mA。

（4）本体局部放电水平要求。根据 Q/GDW 1275—2015《±800kV 直流系统电气设备交接试验》规定的"加压过程中进行局部放电量测量，在最后 10min 内，超过 2000pC 的放电脉冲次数不应超过 10 个"，并考虑 20%的裕量，确定直流高压发生器在额定工作条件下局部放电不大于 800pC。

（5）中间变压器。中间变压器按无局部放电要求设计，并安装有静电屏。直流高压电源采用三组对称倍压整流原理，因此变压器的输出为绝缘筒式三相对称双极输出。倍压筒底部的输入电压为 104kV，考虑效率和安全裕度，中间变压器的参数可按表 1-3 选取。

表 1-3　　　　　　　　　　中间变压器的参数取值

参数	取值	参数	取值
额定容量	100kVA	额定频率	30～300Hz
一次电压	150kV	二次电压	（0.35±0.025）kV
运行时限	8h	温升	65K

（6）阻塞元件。为了有效滤除纹波电压及放电脉冲，在倍压的高压输出端与测压滤波器之间以及测压滤波器与被试品之间加装由电感、电阻构成的阻塞元件。每个阻塞元件中包含一个滤波电感线圈和一个限流电阻器，取滤波电感为 1H，电阻为 1MΩ。

（7）直流输出电压测量分压器。采用电阻式分压器，电阻式分压器与倍压筒安装在一个绝缘筒体内，并与倍压筒一起分成 6 节，分节时电压测量范围与倍压筒额定输出电压相对应。

分压器包括测量和屏蔽两个回路。考虑到分压器的发热和直流高压源的负载能力，为保证测压系统的准确度，取测量回路的电流为 500μA，屏蔽回路电流为 250μA，两个回路的阻抗分别为 4800MΩ 和 9600MΩ，因此测压系统总阻抗为 3200MΩ，总电流为 750μA，总消耗功率为 1800W。

测压系统的测量误差来源分析：

1）高压臂、低压臂的电阻值偏差。该偏差大部分可通过校准得到修正。

2）长时间的阻值变差以及随所加电压的变化（即电压系数）而阻值发生变化。为此分压器本体电阻采用了高精密高压电阻。

3）随温度的变化（即温度系数）而阻值发生变化。所采用的精密电阻其温度系数为 $10 \times 10^{-6} ℃^{-1}$。

4）由于分节而引起的误差。分压器本体中的屏蔽回路可有效消除外部电场的影响。

5）显示表计的读数误差。高压直流输出电压的显示由装置控制单元中的测量显示功能来完成，其测量显示部分的总误差小于 0.5%。

综合上述因素，测压系统总不确定度小于 3%。

（8）高压滤波电容器。为减小纹波电压和由高压放电引起的局部放电脉冲，高压输出端的滤波电容器设计尤为重要，其电容值在满足耐压和局部放电的条件下应该是越大越好。

该滤波电容器安装在测压分压器的筒内，与分压器形成一体。滤波电容器安装在筒体中心，每节分压器内串联多个电容器，每个电容器接点与屏蔽回路对应的电压点相连接，使屏蔽电阻对电容器起到均压作用。每节分压器内的电容量为 9000pF，三节串联时电容量为 3000pF。

（9）保护模块。限流电阻取 $R_1 = 3420Ω$，封装于硅堆内部；保护电阻取 $R_0 = 400kΩ$，位于高压输出端，置于顶部均压环中。

（10）高压均压环。根据已有的经验，屏蔽罩效果最好，双层均压环次之，单层均压环效果最差。考虑现场吊装和连接高压引出线的方便性，选用双层均压环。按大于 ±1100kV 工程中高端换流变压器出厂电压为 1736kV 的设计，应适当提高均压环环径，满足环的表面最大场强（起晕场强）不大于 22kV/cm 的要求。场强计算可采用圆环对平板电极的场强计算公式，见式（1-1）。

$$E_{\max} = \frac{U\left(1 + \dfrac{r}{2R}\ln\dfrac{8R}{r}\right)}{r\ln\dfrac{8R}{r}} \qquad (1-1)$$

式中　U——均压环电压（kV）；

　　　r——单环小圆半径（m）；

　　　R——双环中心线与单环小圆中心线的距离（m）。

（11）均压角环。由于直流电压发生器高度为 18m，即使顶部主均压环对输出电压有良好的均压效果，各倍压组件连接处的场强仍然存在分布不均而造成轻微放电的情况，所以应在这些连接部位加装均压角环，使其表面的最大场强（起晕场强）不大于 22kV/cm。场强计算可采用球对平板电极的场强计算公式，见式（1-2）。

$$E_{\max} = \frac{9U(r+d)}{10rd} \tag{1-2}$$

式中　U——均压环电压（kV）；

　　　r——球的半径（m）；

　　　d——球距地面的距离（m）。

（12）加压线。采用的高压导线和连接线按防晕要求设计，即导线和连接的直径足够大，使其表面的最大场强（起晕场强）不大于 22kV/cm。场强计算可采用圆柱对平板电极的场强计算公式，见式（1-3）。

$$E_{\max} = \frac{9U}{10r\ln\dfrac{r+d}{r}} \tag{1-3}$$

式中　U——均压环电压（kV）；

　　　r——防晕导线半径（m）；

　　　d——防晕导线距地面的距离（m）。

（13）控制系统。由于该变频电源的负载为全波倍压整流装置，装置的负载特性呈容性，因此对电源的无功带载能力提出较高的要求。该系统采用变频和电感补偿的方法，通过高分辨率的频率输出控制（分辨率达 0.01Hz），使得升压装置的负载特性趋于阻性。同时，该电源的幅度调节细度为 1/65536，可以精细调节直流高压的输出幅度。通过高速数字信号处理器（DSP）进行输出幅度实时测量反馈，可确保输出电压的高稳定度。

控制和测量系统核心采用可编程逻辑控制器（PLC）和远程控制上位机（PC），所有控制功能由软件来实现。远程控制上位机集成电压、电流、充电（倍压）频率、阻抗、温度等。控制和测量系统运用光纤传输技术来解决高电压试验中的空间、地电位和电源对控制系统的影响，同时优化人机界面和通信方式，因此整个控制系统不但具有抗干扰能力强、稳定性好、可靠性高等优点，而且具有很强的扩展性以及强大的编程和通信能力，从而提高了试验数据的可重复性和稳定性。

1.4 标 准 解 读

从20世纪80年代±500kV葛洲坝—上海直流输电工程开始,经过近四十年的发展,我国先后建成了±400、±660、±800kV和目前世界电压等级最高的±1100kV特高压直流输电工程,成为世界上直流输电技术应用最广泛的国家。

随着直流工程的大量投运,换流变压器的运行故障不可避免,特别是长期运行后造成的绝缘劣化,已成为故障发生的主要因素。因此,要对长期运行和新安装的换流变压器进行绝缘诊断和出厂考核试验。

特高压换流变压器阀侧直流外施耐压和局部放电试验,是评价换流变压器状态的重要试验项目,涉及现行标准有:

（1）GB/T 10494.2—2022《变流变压器 第二部分:高压直流输电用换流变压器》。该标准将特高压换流变压器阀侧直流外施耐压和局部放电试验列为例行试验。

（2）DL/T 2043—2019《±1100kV 特高压直流换流变压器使用技术条件》。该标准将特高压换流变压器阀侧直流外施耐压和局部放电试验列为例行试验。

（3）DL/T 274—2012《±800kV 高压直流设备交接试验》。该标准将特高压换流变压器阀侧直流外施耐压和局部放电试验列为交接试验应进行的项目之一。

（4）Q/GDW 1275—2015《±800kV 直流系统电气设备交接试验》。该标准将特高压换流变压器阀侧直流外施耐压和局部放电试验列为必要时进行的交接试验项目之一。

（5）DL/T 1243—2013《换流变压器现场局部放电测试技术》。该标准规定了换流变压器进行交直流局部放电测试的原则性要求,重点对交流局部放电进行了说明,涉及直流局部放电的章节较少,仅规定了试验接线、试验电压及时间、测试方法及要求,但未提及抗干扰措施等关键内容。

上述标准对特高压换流变压器阀侧直流外施耐压和局部放电试验的原则性要求一致。

（6）DL/T 1999—2019《换流变压器直流局部放电测量现场试验方法》。针对现场试验特点，该标准对特高压换流变压器阀侧直流外施耐压和局部放电试验的试验设备和测试仪器、试验接线、试验方法及结果判断标准、干扰源的识别与抑制措施等提出了具体的要求，是换流变压器现场直流耐压试验带局部放电检测应遵循的指导性文件。

DL/T 1999—2019 规定，试验电压应使用正极性电压，现场进行交接试验或诊断性试验时，不能预加电压。试验电压为出厂试验电压的 85%（或合同规定值）。

接通试验电源后，应平稳匀速且连续加压至试验电压值，加压时间不应大于 1min。升压过程中应监测直流高压发生器的输出电流变化，出现电流值突然增大或减小等异常现象时，应立即停止试验，查明原因。

电压升至规定水平后保持，同时进行局部放电检测，持续 90min。试验过程中电压波动的算术平均值不应超过 ±3%。当试验回路设备和被试换流变压器出现外部闪络、放电、异响、电流突然变化等异常时，应立即停止试验，查明原因。

试验完成后，应快速降低电压。降压时间不应大于 1min。待电压测量装置示值接近零时，方可进行放电和接地。

试验结果满足以下三条方可认为此次试验结果通过：

1）最后 30min 内，超过 2000pC 的有效放电脉冲数不超过 30 个；且最后 10min 内，不小于 2000pC 的有效放电脉冲数不超过 10 个。否则，可以延长 30min，继续进行试验。

2）延长 30min 的试验只允许进行一次，在此 30min 内，超过 2000pC 的有效放电脉冲数不超过 30 个；且最后 10min 内，不小于 2000pC 的有效放电脉冲数不超过 10 个。

3）试验后色谱分析结果合格且试验前后无明显变化。

该试验为非破坏性试验，若试验结果不通过，但未发生击穿且试验后油色谱数据与试验前无明显差别时，不应立即拒绝被试品，而应由用户与制造单位就进一步措施进行协调。

1.5 工 程 应 用

1.5.1 H换流站

2013年10月,根据H-Z ±800kV直流输电工程H换流站系统调试大纲要求,国网湖北省电力有限公司电力科学研究院对该换流站的高端换流变压器进行了阀侧直流外施耐压和局部放电试验。

1. 换流变压器参数

型号:ZZDFPZ-405200/500-600。

额定容量:405.2MVA。

电压:$530/\sqrt{3}{}_{-5}^{+23}\times1.25\%/171.9kV$。

电流:1324.2/2357.2A。

制造厂家:T-S变压器集团有限公司。

2. 试验前的准备

由于直流试验的特殊性,要求所有与试验有关的设备,无论是对带电体还是绝缘体,都应清除表面灰尘,并用无水酒精将其擦拭干净。

试验前,所有套管可靠接地1h。阀侧绕组a、x端短接后采取防晕措施,并进行局部放电方波校正,非试端子短接后接地。油箱及铁心、夹件等可靠接地。对于试品外部的尖角及接触不良处、试品周围的其他金属物体等采取必要的屏蔽或接地措施。

3. 试验接线

根据现场情况,阀侧绕组采用短接加压方式,网侧绕组应短接并与换流变压器外壳一起可靠接地,即a、x套管短接加压,A、X套管接地,试验接线如图1-1所示。

4. 试验现场布置

试验现场布置俯视图如图1-19所示,试验现场实际布置如图1-20所示。

5. 试验电压及加压程序

试验现场阀侧a+x套管的试验电压为出厂值的85%,即$U_{a+x}=+952kV\times85\%=+809kV$,局部放电持续测量时间为60min。

试验加压程序如图1-21所示,采用循序加压法。

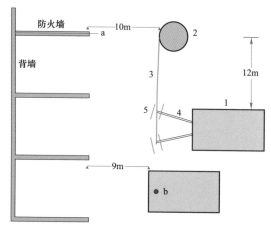

图 1-19　试验现场布置俯视图

1—被试换流变压器；2—直流高压发生器；3—波纹管；4—阀侧套管；5—阀侧套管均压装置；

a—防火墙；b—正在安装的换流变压器

图 1-20　试验现场实际布置

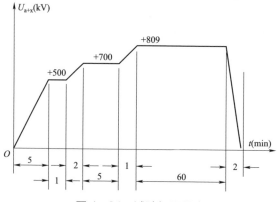

图 1-21　试验加压程序

6. 试验结果

此次特高压换流变压器现场直流耐压及局部放电试验电压达到 809kV，在该电压下试验持续 1h。最后 10min 的检测结果：正极性放电脉冲为 0，负极性有 2 个大于 2000pC 的脉冲信号（判断是干扰），满足交接试验标准的要求。在该试验电压下检测到的背景局部放电量为 383pC，试验时调节充电频率至 106Hz 时，背景干扰最小，效果最佳。

1.5.2　P 换流站

2014 年 9 月，T–S 变压器集团有限公司为 ±800kV P 换流站制造的高端 Y 接换流变压器在运输过程中发生侧翻，为节约成本、缩短工期，厂家实施了现场修复。国网湖北省电力有限公司电力科学研究院以出厂标准进行了阀侧直流外施耐压和局部放电试验。

1. 换流变压器参数

型号：ZZDFPZ–250200/500–800。

额定容量：250.2MVA。

电压：$530/\sqrt{3}_{-6}^{+18}\times1.25\%/169.85/\sqrt{3}$ kV。

电流：825/2551A。

制造厂家：T–S 变压器集团有限公司。

2. 试验前的准备

由于试验是在检修车间内进行的，环境卫生条件较好，温湿度可控，电磁屏蔽措施到位，从而大大增强了试验的可控性，但仍需对直流高压发生器本体和试验大厅进行清洁，对周边金属物体进行屏蔽接地。

3. 试验接线

根据现场情况，阀侧绕组采用短接加压方式，网侧绕组应短接并与换流变压器外壳一起可靠接地，即 a、x 套管短接加压，A、X 套管接地，试验接线如图 1–22 所示。

4. 试验现场布置

试验现场布置俯视图如图 1–23 所示，试验现有实际布置如图 1–24 所示。

5. 试验电压及加压程序

试验现场阀侧 a+x 套管的试验电压为出厂值的 100%，即 $U_{a+x}=+1254$ kV，局部放电持续测量时间为 120min，实际充电频率为 45Hz。

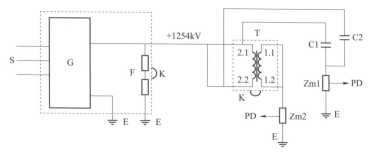

图 1-22 试验接线

G—直流高压发生器；F—高压分压器（发生器内置）；C1、C2—阀侧套管电容；Zm1、Zm2—检测阻抗；

PD—直流局部放电测试仪；T—被试换流变压器（分接开关置于 N 挡）；

K—超声探头；S—三相电源；E—地电位

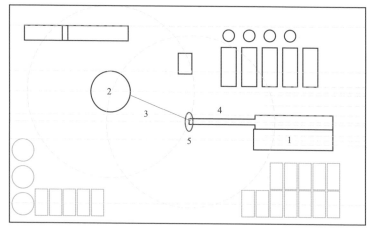

图 1-23 试验现场布置俯视图

1—变压器本体；2—直流高压发生器；3—波纹管；4—阀侧套管；5—阀侧套管均压装置

试验加压程序如图 1-25 所示，不允许对换流变压器绝缘结构预先施加较低的电压。

图 1-24 试验现场实际布置

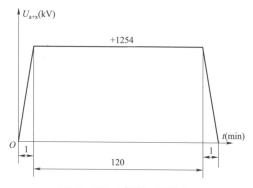

图 1-25 试验加压程序

24

6. 试验结果

（1）此次特高压换流变压器现场直流耐压及局部放电试验电压达到+1254kV，在该电压下试验持续2h，在最后10min内未检测到局部放电量超过2000pC的直流放电脉冲，完全满足交接试验标准要求。在试验电压下检测到的背景局部放电量为325pC。

（2）应用超声检测技术，对直流高压发生器本体和被试换流变压器粘贴超声传感器，在试验过程中监测超声信号，结果未见异常。

（3）应用紫外检测技术，在试验过程中发现高压试验回路多处存在电晕放电现象，经处理后效果显著，如图1-26～图1-28所示。

图1-26 加压导线电晕放电紫外图像

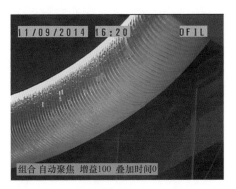

图1-27 加压导线修复后的紫外图像

图1-28 静电吸尘造成阀侧套管均压环底部放电图像

参 考 文 献

[1] 国家电网公司,国网湖北省电力公司电力科学研究院. 换流变压器直流局部放电检测装置：CN201420175520.1 [P]. 2014−8−6.

[2] 国家电网公司,国网湖北省电力公司电力科学研究院. 换流变压器直流局部放电检测装置及方法：CN201410141649.5 [P]. 2014−7−30.

[3] 国家电网公司,国网湖北省电力公司电力科学研究院. 一种 2400kV、30mA 移动式无局放直流高压发生器：CN201410641260.7 [P]. 2015−1−21.

[4] 高得力,汪涛,谢齐家,等. 换流变压器现场直流耐压试验回路空间布置的静电场计算 [J]. 湖北电力,2015,39（04）：18−20+23.

[5] 湖北省电力试验研究院. 特高压换流变压器现场局部放电试验装置：CN201020273742.9 [P]. 2011−3−16.

[6] 谢齐家,普子恒,汪涛,等. 特高压换流变现场局部放电试验的电场计算及起晕校核 [J]. 中国电力,2015,48（07）：8−12+16.

第 2 章
特高压换流变压器阀侧交流外施耐压
和局部放电试验技术

2.1 概　　述

在换流变压器出厂试验考核和现场运行过程中，阀侧套管出线装置的故障发生率较高，如昌吉站高端换流变压器因阀侧出线装置与套管造成的出厂试验重复率达到 70%以上。特高压换流变压器阀侧套管和套管升高座的内部绝缘件既要具备绝缘性能，又要承担整个套管的应力支撑，是特高压换流变压器设计制造的核心器件。由于其绝缘结构的特殊性、工艺控制的复杂性，质量管控难度大。当前，已有多台特高压换流变压器阀侧套管在现场开展过检修工作，特别是阀侧套管升高座出线装置的绝缘检修，必须对检修后的出线装置油纸绝缘进行试验考核。如果检修后返厂开展阀侧交流外施耐压及局部放电试验，换流变压器的运输费用过高，因此只能在检修现场开展阀侧绝缘考核试验。在交接试验中，通常以长时感应耐压及局部放电试验作为考核换流变压器投运前状态的主要手段。感应耐压试验在阀侧的施加电压通常远低于阀侧的设计绝缘水平，因此无法有效考核换流变压器阀侧绝缘。

换流变压器的阀侧绝缘是由阀侧套管和阀侧出线装置组成的一个复杂的油纸绝缘系统，其实际运行时的工况为交直流电压叠加工况。长时直流电压下绝缘中的电场为静态直流电场，电场分布只取决于介质的电阻率和几何形状。因为油和纸的电阻率相差悬殊，所以电场集中在纸和不连续的纸板端部油中。交流电场的分布主要取决于基本不随温度变化的电容系数，所以换流变压器阀侧出线装置在交流电压和直流电压下的电场分布完全不同。因此，直流耐压试验与交流耐压试验互为补充。当前，阀侧交流外施耐压及局部放电试验的试验设备现场实施成熟度高，对阀侧绕组的油隙绝缘有较好的考核效果，还可用来考核阀侧绕组、阀侧套管和阀侧套管出线装置的绝缘。

本章从现场开展特高压换流变压器阀侧交流外施耐压和局部放电试验的试验方法、试验原理、试验环境校核、试验程序和判定、试验装备等方面，结合现场工程的典型案例，全面介绍了该试验现场实施的关键技术，并有针对性地给出关键点的标准依据，可为同类现场试验的开展和实施提供指导。

2.2 关 键 技 术

2.2.1 试验回路

特高压换流变压器的现场阀侧交流外施耐压试验，在出厂试验阶段通常采用调节电抗器电感量的方法，使试验回路达到谐振点，试验频率为固定的 50Hz。该方法试验回路简单，抗干扰能力强，但电抗器设备需配合调谐电动机，质量和体积大，现场调谐精度较差，操控性不佳，且调节范围小，不适用于现场试验中负载从 0.1～40nF 的大动态范围调谐。随着电力电子技术的发展，基于变频电源的变频谐振装置逐渐被广泛采用，其利用变频电源输出可调频率的电压，使试验回路达到谐振点。该方法试验波形为正弦波，试验频率通常在 100Hz 以内，可等效为传统的出厂试验方法。此外，该方法所需试验电抗器的体积和质量更小，也不存在调节电感量所需的机械结构，因此更适用于更高电压等级和更大负载容量的试验场景。

现场试验主要采用变频电源，通过励磁变压器和由谐振电抗器、被试换流变压器组成的串联谐振回路进行升压，使换流变压器被试阀侧绕组对地达到试验电压要求。试验过程中，在换流变压器被试阀侧绕组两支出线套管的末屏同时测量视在局部放电量。必要时，还可监测铁心和夹件的局部放电量。试验时，换流变压器被试阀侧绕组两个端子之间宜短接，非被试绕组全部短接接地。双绕组换流变压器和三绕组换流变压器的试验接线分别如图 2-1 和图 2-2 所示。

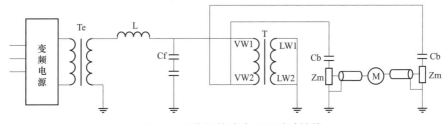

图 2-1 双绕组换流变压器试验接线

Te—励磁变压器；L—谐振电抗器；Cf—电容分压器；VW1、VW2—阀侧绕组出线端子；

LW1、LW2—网侧绕组出线端子；T—被试换流变压器；Cb—套管电容；

Zm—局部放电检测阻抗；M—示波器

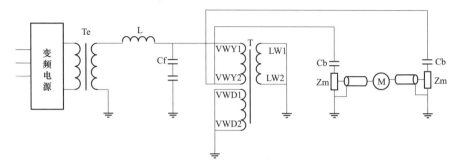

图 2-2　三绕组换流变压器试验接线

Te—励磁变压器；L—谐振电抗器；Cf—电容分压器；VWY1、VWY2—被试阀侧绕组出线端子；
VWD1、VWD2—非被试阀侧绕组出线端子；LW1、LW2—网侧绕组出线端子；T—被试换流变压器；
Cb—套管电容；Zm—局部放电检测阻抗；M—示波器

2.2.2　试验环境校核

特高压换流变压器阀侧交流外施耐压和局部放电试验应在完成全部安装和调试后进行。由于特高压换流变压器安装注油后的总质量较大，为避免移位过程中对换流变压器造成损坏，试验通常在换流变压器就位后进行，即试验设备和高压区域在阀厅内。相比在工厂的高压试验大厅内开展的换流变压器现场阀侧交流外施耐压和局部放电试验，在现场的已投运阀厅内开展试验最大的难点是外绝缘的校核计算。若绝缘净距的裕度考虑过大，会导致阀厅内需拆除的已安装设备（如避雷器、绝缘支柱等）较多，拆装工程量大，时间和经济成本较高；但若绝缘净距的裕度考虑过小，可能导致该设备产生局部放电进而影响现场试验的结果。以换流变压器制造厂的试验大厅条件为例，试验电压达到1000kV等级的交流耐压试验最小净距为 8m，如需进行局部放电测量，则要求净距为13m，这样的厂内试验条件在已完成安装的阀厅内显然无法满足。

应根据当前国内已开展的该项试验现场经验，结合电场校核计算情况进行处理。对于户内（阀厅）试验环境，应拆除试验区域内影响试验进行的避雷器、支柱绝缘子、接地开关、导体、金具等，推荐的无晕试验区域范围见表 2-1。表 2-1 给出了无晕试验区域范围划定时，外部物体距试验设备和被试设备高压带电体的距离推荐值。试验区域内的空间及地面应无金属异物。为避免相邻设备受损和悬浮放电的发生，邻近试验区域的阀塔、阀避雷器、阀侧套管封堵墙区域和其他金属物体应做好屏蔽和接地保护。对于户外试验环境，可以参照户内试验环境，同时应确保试验区域内无烟雾、腐蚀性气体和水蒸气。

表2-1 推荐的无晕试验区域范围

试验电压（kV）	距高压带电体的距离（m）
1500	17
1200	13
900	9.5
750	8
500	5

注　表中数据适用于1000m及以下海拔环境，对于1000m以上海拔环境需进行换算。

按照上述试验布置要求，应对现场试验环境和试验设备、被试设备位置进行电场校核计算。这里以昌吉换流站高端阀厅换流变压器为对象，结合一体化的谐振电抗器和分压器装置进行校核算例介绍。

昌吉换流站高端阀厅内试验设备摆放位置平面图如图2-3所示，电抗器和分压器的最佳位置在阀侧套管正前方，留出可停靠一辆高空作业车的距离即可。如果试验设备摆放在套管侧面，连接导线会出现拐角，曲率半径较小的拐角容易出现电晕干扰。在拆除换流变压器阀侧的导体和绝缘支柱后，距离试验设备

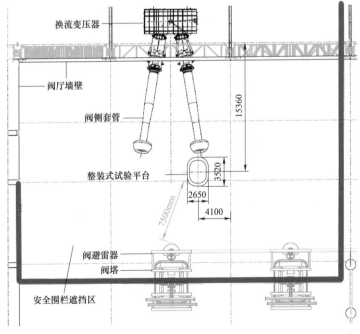

图2-3　昌吉换流站阀厅内试验设备摆放位置平面图（单位：mm）

均压环最近的为阀避雷器下的均压罩，其最小净距为 7.5m。电场校核时需验证该距离下的均压罩以及其他距离较近的非被试部件是否会产生电晕干扰。

该算例模型主要考虑了换流变压器阀侧套管、升高座、电抗器和分压器平台本体以及阀避雷器均压罩。针对实际试验电压为 987kV，考虑一定的校核裕度，仿真施加 1100kV 的交流电压（峰值电压为 1555kV），其电位分布计算结果如图 2-4 所示，电场分布计算结果如图 2-5 所示。由电场计算结果可知，最大场强区域集中在平台均压环的下端，其最大场强为 10.6kV/cm。阀避雷器均压罩处的最大场强约为 5.1kV/cm，升高座处的最大场强为 3.2kV/cm。电晕起始场强与

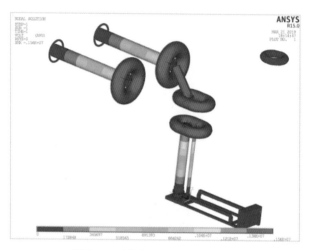

图 2-4　试验现场环境电位分布

图 2-5　试验现场环境电场分布

电极形状相关，平台均压环、阀避雷器均压罩和升高座处均为曲率半径大于 50mm 的均压结构，依据 Peek 公式的经验计算，其电晕起始场强通常大于 20kV/cm。考虑到一定的安全裕度，推荐校核所用的最大场强不应大于 15kV/cm，该试验平台的最大场强均小于 15kV/cm，满足无电晕干扰的局部放电试验要求。

2.2.3 试验程序和判定

根据 DL/T 2557—2022《换流变压器阀侧交流外施耐压及局部放电现场试验导则》的要求，对未经出厂试验考核以及在现场组装的新换流变压器，其试验电压 U 应为出厂值；对于阀侧出线装置经过现场大修后的换流变压器，其试验电压 U 应为出厂值的 80%。在不同的直流输电工程中，相同电压等级换流变压器的阀侧交流外施耐压试验电压值有所不同。表 2-2 给出了各电压等级换流变压器阀侧交流外施耐压和局部放电试验典型出厂试验电压。试验频率宜为 40～100Hz，当试验频率大于 100Hz 时，应与制造厂协商确定。

表 2-2　　　　　换流变压器阀侧交流外施耐压和局部放电
试验典型出厂试验电压　　　　　　　　　　单位：kV

直流输电工程电压等级	绕组形式	换流变压器电压等级	出厂试验电压
±400	Y	±400	473
	d	±200	257
±500	Y	±500	597
	d	±250	324
±660	Y	±660	795
	d	±330	434
±800（高端）	Y	±800	938
	d	±600	722
±800（低端）	Y	±400	473
	d	±200	257
±1100（高端）	Y	±1100	1297
	d	±825	987
±1100（低端）	Y	±550	672
	d	±275	362

完成试验接线后，应分别在被试阀侧绕组两支套管端部注入 500pC 方波对局部放电测量装置进行校准，并用 100pC 方波验证两支套管末屏端子处局部放电测量装置的线性度。

试验加压程序如图 2-6 所示，接通试验电源后，在低电压下调谐，并检查、记录试验背景局部放电量；升压至试验电压值 U 的 60%、80%、90%时，检查试验回路的各电压、电流是否正常，观察各设备及连接是否正常；无异常后，升压至试验电压值 U，持续试验时间 t 为 60min。

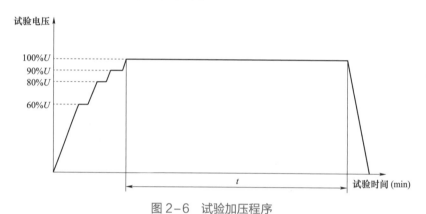

图 2-6　试验加压程序

试验过程中，当出现试验回路设备和换流变压器发生异响、局部放电量突增等异常时，应停止试验，查明原因。试验结束后，应快速降低电压，待电压测量装置示值接近于"0"时，方可切断电源，并在高压回路进行接地放电。

该项试验由于现场和出厂环境的差异，在局部放电量的允许值上，各方存在较大的差异。这里使用 DL/T 2557—2022 给出的局部放电量不超过 500pC 的推荐值。同时，应综合考虑试验过程中局部放电的变化趋势和波形特征，且无破坏性放电发生，试验前后的油色谱分析无明显变化。另外，试验结果对于仅局部放电量超标的问题，不应立即判定试验不合格，还应结合现场环境和干扰情况，如换流站内在运换流器产生的 6 脉波或 12 脉波干扰信号（见图 2-7），做进一步分析。

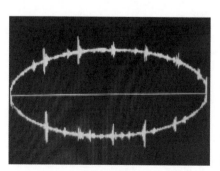

图 2-7　换流器脉波干扰信号

2.3 试 验 装 备

2.3.1 一体化的谐振电抗器和分压器

目前，现场特高压交流耐压试验所用的高压串联谐振试验装置多应用于 1000kV 气体绝缘金属封闭开关设备和控制设备（GIS）交接试验，其试验电压为 1100kV，无须直接考核局部放电水平。因此，现有的该类试验装置无法满足换流变压器试验的要求。针对特高压换流变压器的性能参数和现场环境条件，需要研制适用于狭小空间和复杂电磁环境下的紧凑型、高电压、无局部放电的阀侧外施耐压成套试验装置，这是成功开展该试验的关键。

这里推荐了一种可用于特高压换流变压器阀侧交流外施耐压和局部放电试验的 1200kV 整装式绝缘试验平台。该平台为开展 1100kV GIS 现场交流耐压试验而研制，同时满足特高压换流变压器交流外施耐压和局部放电试验的试验要求。平台上的电抗器和分压器采用一体化设计，其额定电压为 1200kV。平台采用"导弹车"式机械设计结构，如图 2-8 所示。在运输状态下，电抗器和分压器卧倒平放；在试验状态下，电抗器和分压器由液压举升系统自立竖起。平台装有轮胎，可完成站内短距离转运。平台自身无动力系统，可由站内叉车拖行。设备搭建过程不需要吊车吊装，可降低高空作业危险，还可大幅度提高设备搭建效率。

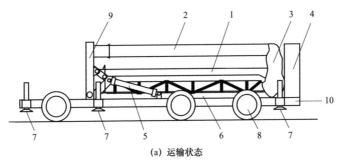

(a) 运输状态

图 2-8 整装式试验平台（一）

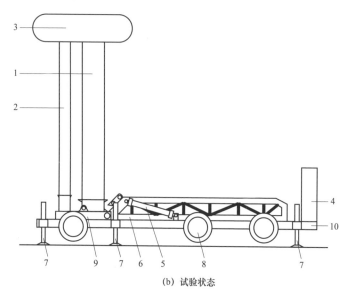

(b) 试验状态

图 2-8 整装式试验平台（二）

1—谐振电抗器；2—电容分压器；3—可伸缩式均压环；4—液压泵站；5—主液压缸；
6—托架；7—液压支撑腿；8—轮子；9—底座；10—平台底盘

原平台配置的是可伸缩的充气式均压环，该均压环无须吊装，直接接入充气泵即可展开成形。但原均压环为 1100kV GIS 设备的现场交流耐压试验配置，该试验并未对局部放电有严格考核，均压环采用单环结构。为提升均压环的无局部放电电压水平，该试验单独配置了双环结构的不锈钢绕制均压环。在均压环安装环节，因均压环质量小于 1t，采用电动吊葫芦或定滑轮即可完成吊装。

谐振电抗器和分压器试验用均压环结构和尺寸应满足现场试验要求，结构如图 2-9 所示，推荐尺寸见表 2-3，其中谐振电抗器的均压环应有开口。

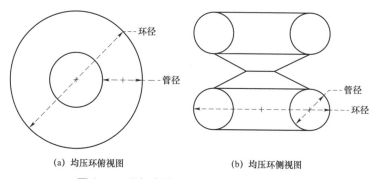

(a) 均压环俯视图   (b) 均压环侧视图

图 2-9 谐振电抗器和分压器试验用均压环

表2-3　　　　　　　　　谐振电抗器和分压器试验用均压环推荐尺寸

设备额定电压（kV）	环数（个）	环径（mm）	管径（mm）
1500	2	4000	1000
1200	2	3500	800
900	2	3000	600
750	2	2500	400
500	2	2000	400

试验时，阀侧套管均压环通常采用换流变压器运行用均压环，该均压环典型尺寸见表2-4。

表2-4　　　　　　　换流变压器阀侧套管运行用均压环典型尺寸

电压等级（kV）	结构形式	尺寸（mm）	
±1100	双环结构	直径：3100	环径：800
	半球形结构	直径：3220	高度：1600
±800	双环结构	直径：2200	环径：600
	半球形结构	直径：2000	高度：1017
±600	双环结构	直径：1700	环径：500
	半球形结构	直径：1600	高度：870
±400	双环结构	直径：1600	环径：400
	半球形结构	直径：1200	高度：850
±200	双环结构	直径：1200	环径：300
	半球形结构	直径：1200	高度：850

试验平台在运输状态下的宽度为2.8m，高度为3m，对应昌吉换流站高端阀厅入口最小宽度为3.3m，高度超过4m，平台可顺利由叉车拖入阀厅。在阀厅内，根据换流变压器的安装位置，将平台摆放至指定位置后，平台由运输状态转入试验状态。

加压引线宜采用无晕金属波纹管，应根据试验电压选择线径，推荐尺寸见表2-5。

表 2-5   试验用加压引线推荐线径

试验电压（kV）	金属波纹管线径（mm）
1200	800
900	500
750	400
500	300

2.3.2 试验电源

试验电源主要包括变频电源和励磁变压器，其工作频率范围应满足试验频率的要求，持续工作时间不应少于 90min。

（1）与常规用于交流耐压试验的串联谐振试验设备相比，该试验在试验装备上需注意：

1）变频电源建议采用线性功率放大正弦波变频电源。

2）励磁变压器宜采用单相、多绕组、多变比结构。

（2）在电源端可考虑多种抗干扰方法，包括：

1）采用发电车作为试验电源。

2）试验电源与其他频繁启动的大功率设备不共用同一母线。

3）试验电源加装隔离变压器或其他滤波装置。

4）局部放电测试仪的工作电源采用隔离变压器接入。

5）试验回路的接地由换流变压器本体接地点接入。

6）试验电源电流回路的接地与测量回路的接地分别布置。

2.3.3 局部放电量的测量装置

局部放电测量时，检测阻抗应连接在被试阀侧绕组出线套管末屏端子与地之间，阻抗应就近接地。其通流能力不应小于试验时流经阀侧套管试验抽头的电流，计算方法见式（2-1）。

$$I = U \frac{C_b}{\sqrt{L(C_x + C_f + C_b)}} \qquad (2-1)$$

式中 I——试验电压下，阀侧套管试验抽头电流（A）；

$\quad\quad U$——试验电压值（V）；

$\quad\quad C_b$——套管电容量（F）；

$\quad\quad L$——谐振电抗器的电感量（H）；

$\quad\quad C_x$——被试阀侧绕组等效电容量（F）；

$\quad\quad C_f$——分压器电容量（F）。

试验回路中的谐振电抗器和分压器可能发生内部放电而对局部放电测量造成干扰。可采用超声波局部放电检测技术对内部放电进行监测，作为局部放电测量的辅助判断方法。具体方法为：在谐振电抗器和分压器等部件外表面安置超声探头，可监测试验回路设备内部的放电情况。

对内部有放电干扰的试验设备进行局部放电测量时，建议在谐振电抗器高压输出端串联高压滤波器（L型滤波器），接线如图2-10所示。

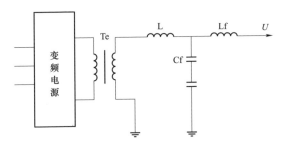

图2-10 高压滤波器串联接线

Te—励磁变压器；L—谐振电抗器；Cf—电容分压器；Lf—高压滤波器；U—试验电压

加入毫亨（mH）级的串联高压滤波器可有效滤除谐振电抗器、电容器和电源端产生的局部放电干扰信号。同时，与谐振电抗器几百亨特的电感量级相比，该高压滤波电感不会影响试验设备的试验电压输出，能够保证试验电压波动在标准范围内。

2.4 标 准 解 读

（1）现场实施的特高压换流变压器阀侧交流外施耐压和局部放电试验的主技术标准是DL/T 2557—2022《换流变压器阀侧交流外施耐压及局部放电现场试验导则》，其从总体上介绍了该项试验在现场实施的关键技术要求和注意事项。

其中，试验电压的频率建议为 40～100Hz，当试验频率大于 100Hz 时，应与制造厂协商是否可行。

（2）在局部放电测量技术方面，支撑标准包括 GB/T 7354—2018《高电压试验技术　局部放电测量》和 DL/T 417—2019《电力设备局部放电现场测量导则》，主要涉及局部放电测量方法和抗干扰方法。

（3）在局部放电量的判定方面，建议依据 DL/T 1798—2018《换流变压器交接及预防性试验规程》，其允许局部放电量小于 500pC，并综合考虑出厂试验的相关标准。

（4）在试验装置的要求方面，建议参照 DL/T 849.6—2016《电力设备专用测试仪器通用技术条件　第 6 部分：高压谐振试验装置》的相关要求。

2.5 工 程 应 用

目前，特高压换流变压器的现场阀侧交流外施耐压和局部放电试验已应用于 ±1100kV 昌吉、±800kV 复龙、±800kV 鄱阳湖、±800kV 普洱，以及 ±800kV 巴西美丽山二期等多个特高压工程，积累了大量工程应用的数据和经验，有效保障了特高压换流变压器现场检修后的安全投运，避免了换流变压器返厂检修的大量人力、物力消耗，取得了显著的经济和社会效益。

2.5.1 阀厅内试验的工程应用

以 ±1100kV 昌吉换流站高端 HD 换流变压器的阀侧交流外施耐压试验为例，其为世界首次在阀厅内按照 100%出厂试验电压开展的特高压换流变压器阀侧交流外施耐压和局部放电试验，其试验电压高达 987kV，试验难度极大。

该次试验的高端 HD 换流变压器型号为 ZZDFPZ–607500/750–825，即直流侧对地电压为 825kV，电压变比为 $775 \times 0.86\% / \sqrt{3} / 236.2$kV，额定频率为 50Hz。根据同型号换流变压器型式试验报告可知，阀侧套管和阀侧绕组对地电容约为 10000pF。昌吉换流站 HD 换流变压器结构外观如图 2–11 所示，在现场对该换流变压器阀侧套管及套管升高座的相关绝缘件进行了设计改造。现场进行阀侧交流外施耐压试验具备可实施性，这样既可以考核阀侧套管和阀侧绕组的绝缘，又可以避免整台换流变压器返厂试验的高额运输成本和耽误投运工期的时间成本。

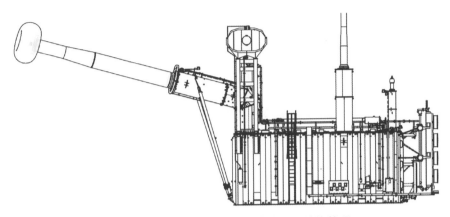

图 2-11　昌吉换流站 HD 换流变压器结构外观

正式试验前，为进一步验证试验设备和试验环境的局部放电水平，可进行不接换流变压器负载的空升试验。根据换流变压器阀侧套管的安装位置，将试验设备置于正式试验位置，同时并联一台电容分压器作为局部放电测量负载，并置于阀侧套管末端位置，如图 2-12 所示。由于电容分压器的负载电容量通常为 1000～2000pF，远小于阀侧套管 10nF 的量级，根据串联谐振试验回路原理，空升试验的频率要远高于正式试验的频率。对局部放电水平的校核，更高的试

图 2-12　试验前的空升试验布置

验电压频率将使局部放电测量更为严苛。因此，空升试验能够获得试验设备和试验环境的真实局部放电水平。

正式试验时，试验现场布置如图 2-13 所示。该次试验采用的是谐振电抗器和分压器共塔的试验设备，两台设备在同一均压环下，可减少试验设备的占用投影面积 50%以上。试验平台在试验状态下的整体高度约为 10m。为避免电晕干扰，高压连接导线采用ϕ1000 的金属波纹管，较特高压 GIS 现场绝缘试验中通常采用的ϕ500～ϕ600 金属波纹管，直径增大了一倍。因阀厅封堵未完成，在换流变压器套管周围采用铝箔纸进行了屏蔽封堵。同时，对阀侧套管升高座周围的螺栓采取了屏蔽措施。在阀厅内，试验环境区域 15m 范围内的设备均可靠接地，换流阀阀塔逐级接地。

图 2-13　昌吉站换流变压器阀侧交流外施耐压试验现场布置

该次试验的阀厅已完成换流阀、避雷器、隔离开关、导体和绝缘支柱的安装，与实际运行状态下的阀厅相同。因换流阀对环境中的污染物和颗粒物要求较高，安装换流阀后禁止有尾气排放的车辆进入阀厅。因此，在阀厅内开展试验时无法获得大型吊车的支持，传统试验设备难以开展试验准备。整装试验平台因不需要吊车支持，适用于阀厅内试验环境。

该次试验的最终结果见表 2-6，试验最终谐振频率为 81.2Hz，试验电源进线电流为 139A，品质因数为 125，均与估算结果相近。试验过程中局部放电测量的结果为：加压侧 2.1 局部放电小于 150pC，2.2 局部放电小于 100pC。

试验过程中 2.1 局部放电干扰主要来自低端运行过程中 6 脉波换流器的换相过冲。但该局部放电干扰为固有干扰，不会随施加电压的增大而变化。通过对试验电源接入移动电源车和加装隔离变压器，该干扰信号可以抑制在150pC 以内。当前特高压换流站多为高低端阀厅平行布置，当换流站处于半压或单极运行状态时，停电试验的换流变压器易由网侧空间耦合换流器换向过冲的局部放电干扰信号。在高端换流变压器的长时感应局部放电试验中也测到了该干扰信号，且由于该试验的网侧套管端部悬空，其局部放电干扰信号更大。

表 2-6　　　昌吉站高端 HD 换流变压器阀侧交流外施耐压试验结果

温度（℃）	5
相对湿度（%）	20
试验频率（Hz）	81.2
试验电压（kV）	987
低压进线电流（A）	139
低压出线电流（A）	241
品质因数 Q	125
2.1 局部放电（pC）	<150
2.2 局部放电（pC）	<100

2.5.2　户外试验的工程应用

以 ±800kV 鄱阳湖换流站一台低端 LY 换流变压器为例，对其进行阀侧出线装置现场检修后的交流外施耐压和局部放电试验。该次试验的换流变压器型号为 ZZDFPZ-415000/500-400。根据出厂试验报告可知，阀侧套管和阀侧绕组对地电容为 17240pF，其现场试验布置如图 2-14 所示。

该次试验方案由各方协商确定，考虑到该换流变压器为在运设备，最终明确：在 100% 出厂电压（481kV）下耐压 1min，后降至 80% 出厂电压（385kV）开展局部放电量的测量，持续 60min。由于是户外试验，无邻近带电体，且相邻物体较少，该次试验未进行电场校核。最终试验结果见表 2-7，试验频率为

图 2-14　鄱阳湖站换流变压器阀侧交流外施耐压试验现场布置

62.7Hz，满足 DL/T 2557 的要求。由于试验是在在运换流站内进行，白天实测的 2.1 背景局部放电大于 700pC，2.2 背景局部放电大于 200pC，干扰信号主要来自邻近施工作业和在运换流器的换向过冲。此后，选择在夜间进行试验，试验前实测背景局部放电降至 200pC 以内，加压后 2.1 和 2.2 局部放电均小于 300pC，满足 DL/T 2557 的试验合格判定标准。

表 2-7　　鄱阳湖站低端 LY 换流变压器阀侧交流外施耐压试验结果

温度（℃）	35
相对湿度（%）	70
试验频率（Hz）	62.7
试验电压（kV）	481/385
背景局部放电（pC）	<200
2.1 局部放电（pC）	<300
2.2 局部放电（pC）	<300

参 考 文 献

[1] 刘泽洪，郭贤珊，乐波，等. ±1100kV/12000MW 特高压直流输电工程成套设计研究 [J]. 电网技术，2018，42（4）：1023-1031.

[2] 刘泽洪，余军，郭贤珊，等. ±1100kV 特高压直流工程主接线与主回路参数研究 [J]. 电网技术，2018，42（4）：1015-1023.

[3] 郭贤珊，赵峥，付颖，等. 昌吉—古泉±1100kV 特高压直流工程绝缘配合方案 [J]. 高电压技术，2018，44（4）：1343-1350.

[4] 文凯成，王瑞珍. 换流变压器阀侧试验对绝缘考核的有效性（下）[J]. 变压器，1997（12）：28-30.

[5] 吴德贯，余忠田，周禹，等. ±800kV 特高压直流工程换流变压器阀侧对称加压局部放电试验的现场试验方法探讨 [J]. 高压电器，2015，51（2）：136-140.

[6] 郭丽娟，尹立群，赵坚，等. 换流站原极Ⅱ C 相换流变压器现场修复试验 [J]. 高电压技术，2007，33（5）：186-188.

[7] 夏谷林，黄和燕，陈禾. ±800kV 换流变压器阀侧交流耐压试验局部放电超标分析 [J]. 南方电网技术，2011（4）：29-31.

[8] 吴传奇，李晓辉，阮羚等. 特高压直流接地极近区新能源接入电网的直流偏磁评测与抑制 [J]. 高电压技术，2022，48（10）：4172-4180.

[9] 任劼帅，陈隽，汪涛等. 一体化 1100kV GIS 绝缘试验平台的设计与仿真分析 [J]. 高压电器，2020，56（04）：8-14.

[10] 陈隽，戴奇奇，袁召等. 特高压油浸式空心电抗器温度场计算及其影响因素分析 [J]. 高压电器，2020，56（01）：87-95.

[11] 贾伟，牛万宇，王帮田，等. ±1100kV 直流阀厅金具电场仿真设计[J]. 电气技术，2016，17（7）：13-19.

[12] 乐波，陈东，付颖，等. ±1100kV 换流站直流场金具表面电场仿真静态场等效方法 [J]. 电网技术，2017，41（11）：3427-3434.

[13] 陈东，乐波，郭贤珊，等. ±1100kV 特高压换流站支柱绝缘子屏蔽球参数优化设计 [J]. 高电压技术，2017，43（10）：3189-3197.

[14] 聂定珍，马为民，万保权，等. 特高压直流换流站阀厅屏蔽效能及设计要求 [J]. 高电压技术，2010，36（2）：313-317.

[15] 刘士利，王洋，张力丹，等. ±800kV 特高压直流受端分层接入方式下低端阀厅金具结构设计 [J]. 电工技术学报，2017，32（14）：238-245.

［16］夏天，陈隽，吴传奇，等. 特高压绝缘试验平台传动机构的动力学分析［J］. 高压电器，2019，55（10）：65－69.

［17］吴传奇，陈隽，任劼帅，等. 特高压换流变现场阀侧交流外施耐压及局放试验研究［J］. 高压电器，2019，55（08）：116－122.

［18］国家能源局. 换流变压器阀侧交流外施耐压及局部放电现场试验导则：DL/T 2557—2022［S］. 北京：中国电力出版社，2023.

［19］郑劲，孔巾娇，梁红胜，等. 特高压换流变压器阀侧出线绝缘结构电场分析［J］. 高电压技术，2022，48（09）：3526－3532.

第3章

特高压换流变压器高压空载和负载试验技术

3.1 概　　述

空载试验和负载试验对特高压换流变压器非常重要。空载试验用于测量设备在无负荷状态下的性能和运行特性，主要包括空载损耗和空载电流的测量。该试验的主要目的是，测量验证变压器的空载损耗和空载电流是否达到有关标准及技术协议的要求，通过比较试验值与设计值或历史测试值的差异来发现产品磁路中存在的局部缺陷或整体缺陷。负载试验则用于测试设备在实际工作负荷下的性能和运行特性，主要包括负载损耗和短路阻抗的测量。该试验的主要目的是，测量验证变压器的负载损耗和短路阻抗是否满足有关标准及技术协议的要求，通过比较试验值与设计值或历史测试值的差异来发现产品设计或制造中以及绕组及载流回路中是否存在缺陷。

每台变压器在出厂前都必须进行空载试验和负载试验。然而，对于特高压换流变压器来说，由于试验设备的容量较大，现场实施这两项试验存在困难。因此，在交接试验或预防性试验的现场标准中，均未要求开展现场空载试验，只要求在交接试验以及怀疑绕组有变形或位移时进行阻抗测量，且阻抗测量不要求在额定电流下进行。

然而，当变压器需要维修绕组或铁心，或者采用解体运输方式重新组装线圈和铁心时，简化试验无法满足测试设备性能和检测缺陷的要求。因此，为在现场进行特高压换流变压器的空载试验和负载试验，解决现场试验的关键技术问题，并研制适应现场要求的试验装备至关重要。

随着特高压换流变压器现场空载试验和负载试验需求的增加，试验技术和试验装备已经取得重大突破，并成功应用于特高压直流输电工程。本章将详细介绍现场开展特高压换流变压器试验的方法、技术和装备，并结合典型案例提供关键技术要点和标准依据，为类似的现场试验提供指导。

3.2 关　键　技　术

3.2.1 试验特点

相比普通电力变压器，特高压换流变压器的空载和负载试验难度更高，具体表现在以下三个方面：

一是特高压换流变压器容量大，对试验电源容量要求更高。按照空载容量 S_0 放大 5～10 倍的估算方法，容量为 250MVA 的 ±800kV 特高压换流变压器，其空载试验容量将至少需要 12.5MVA，这样大容量的试验电源在现场是无法满足的。负载试验所需要的容量是变压器额定容量与短路阻抗的乘积，仍以容量为 250MVA 的特高压换流变压器为例，其短路阻抗约为 24%，则其所需要的试验容量将达到 60MVA。

二是特高压换流变压器空载电流谐波含量高，对试验电压波形的影响更大，空载试验中波形控制的难度更大。根据 GB/T 1094.1—2013《电力变压器　第 1 部分：总则》和 GB/T 16927.1—2011《高电压试验技术　第 1 部分：一般定义及试验要求》的要求，进行空载试验时要保证波形校正因数 d［平均值电压表读数 U' 和有效值电压表读数 U 的相对偏差，即 $d = (U' - U)/U'$］的绝对值小于或等于 3%，同时电压总谐波畸变率 THD≤5%。由于特高压换流变压器铁心的额定工作磁密接近于铁心的饱和磁密，且饱和后的磁化曲线斜率小，因此其空载电流谐波含量高。图 3-1 所示为一台特高压换流变压器在额定电压下的空载电流波形，其 3、5、7 次谐波电流分别占基波电流的 81.2%、42.4%、20.1%。谐波电流在电源阻抗上产生谐波压降，使空载试验电压波形严重畸变，空载试验中的电压波形难以达到标准要求。

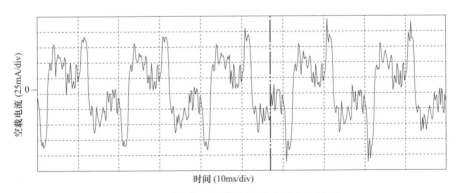

图 3-1　特高压换流变压器空载电流波形

三是特高压换流变压器除应按照标准要求进行空载损耗和空载电流测量的例行试验项目，还应根据国内惯例要求进行 $1.1U_N$（U_N 为额定电压）下的长时间（12h）空载试验和空载励磁特性测量（最大电压要求达到 $1.15U_N$ 甚至 $1.2U_N$）等特殊试验项目。在大于 U_N 的试验电压下，空载电流急剧增加，空载容量也急

剧增加，电压波形畸变更加严重。简单地增加试验电源容量显然不能有效解决特高压换流变压器空载试验面临的问题。以容量达 60MVA 的某变压器厂的同步发电机试验电源为例，在对一台容量为 250.2MVA 的特高压换流变压器进行空载试验时，$1.1U_N$ 下的波形校正因数 $d=-7.4\%$，不满足$|d|\leqslant3\%$的要求。效仿常规电力变压器空载试验的经验，采用电容补偿以减小特高压换流变压器空载试验对试验电源容量需求的尝试，最终均以失败告终。其主要原因是电容在近似正弦的工频电压下仅提供工频补偿电流，对谐波电流没有补偿作用。

3.2.2 试验回路

DL/T 2001—2019《换流变压器空载、负载和温升现场试验导则》给出了换流变压器现场空载试验接线电路和现场负载试验接线电路。

换流变压器现场空载试验接线如图 3-2 所示。被试换流变压器的加压侧应为阀侧，进行现场空载试验时可采用对称加压和非对称加压两种方式。阀侧绕组为 d 接线方式的换流变压器宜采用对称加压接线，如图 3-2（a）所示；阀侧绕组为 Y 接线方式的换流变压器宜采用非对称加压接线，如图 3-2（b）所示。

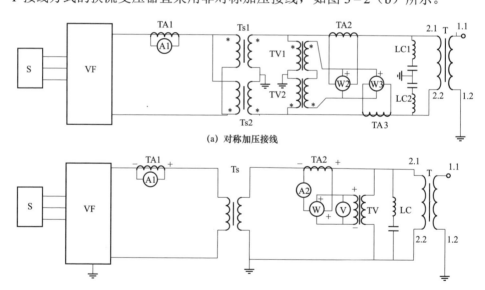

(a) 对称加压接线

(b) 非对称加压接线

图 3-2　换流变压器现场空载试验接线

S—10kV 电源；VF—变频电源；Ts—升压变压器；LC—滤波补偿装置；T—被试换流变压器；

TA—电流互感器；TV—电压互感器；A—电流表或功率分析仪的电流测量；

V—电压表或功率分析仪的电压测量；W—瓦特表或功率分析仪的功率测量；

1.1、1.2—换流变压器网侧绕组首、尾端；2.1、2.2—换流变压器阀侧绕组首、尾端换流变压器现场负载试验接线如图3-3所示。在换流变压器网侧绕组的线端施加电流，阀侧绕组短路并接地。在升压变压器的高压侧并联合适容量的无功补偿电容器。

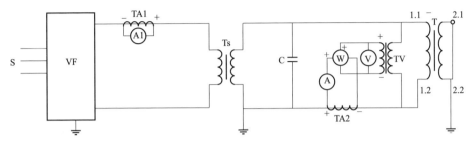

图3-3　换流变压器现场负载试验接线

S—10kV电源；VF—变频电源；Ts—升压变压器；C—补偿电容器；T—被试换流变压器；TA—电流互感器；
TV—电压互感器；A—电流表或功率分析仪的电流测量；V—电压表或功率分析仪的电压测量；
W—瓦特表或功率分析仪的功率测量；1.1、1.2—换流变压器网侧绕组首、尾端；
2.1、2.2—换流变压器阀侧绕组首、尾端

3.2.3　试验电源的选择

由于空载试验过程施加电压高，无功电流大，持续时间长，电能质量要求严，需要提供稳定可靠的工频试验电源；另外，考虑到现场试验条件的局限性，要兼顾经济性和便捷性。

1. 常用试验电源

目前，电力变压器试验常用的交流试验电源有同步发电机组和调压器。

（1）同步发电机组。同步发电机组主要由同步电动机和发电机组成，经中间变压器升压后作为被试变压器的试验电源。同步发电机组可以零起升压，其输出电压达6kV及以上。同步发电机组的电压调节方便，输出电压波形与负载特性相关。

首先，由于同步发电机组是三相电源，在换流变压器空载试验时只使用一相电源，因此对于同等容量的被试品，同步发电机组所需的容量要比单相电源大得多；其次，同步发电机带单相负载时，由于三相电流不平衡造成的磁通不对称，会产生负序电流，易引起发电机转子表层过热；再次，电压上升至$1.1U_N$的过程中，试验电流从容性过渡到感性，容易造成发电机自激；最后，同步发电机组一次性投资高，运行维护工作量大，操作复杂，不能移动使用。

（2）调压器。调压器的输出电压能连续调节，最高可调至额定输出电压的110%，经中间变压器升压后可作为被试变压器的试验电源，输出电压可达10kV。

目前，将大容量调压器作为三相电源，带单相负载时与同步发电机组一样会存在磁通不对称的问题；同时，调压器励磁阻抗呈非线性，输出电压谐波含量较大，抗冲击能力差，不能长期过载运行，波形受电网电能质量的影响；此外，调压器成本较高，运行维护工作量大。

2. 高压变频电源

结合特高压换流变压器的关键性能参数、现场试验技术要求，通过性能指标、可靠性、运维方式、研制成本等方面的技术经济比较，这里提出利用高压大功率变频调压电源作为试验电源的技术思路。

变频调压电源可分为低压变频电源和高压变频电源。低压变频电源可用于变压器空载试验。但是，其最大单台容量为450kW，即使两台并联也只能达到900kW，不能满足特高压换流变压器的试验要求。高压变频电源采用多电平PWM方式将大容量功率单元多级串联可实现10kV变频调压，容量可达兆伏安，且输出电压谐波含量低，总谐波畸变率THD小。高压变频电源可输出三相电压或仅输出单相电压，电压和频率能独立调节，能长时间持续运行，可靠性高，便于运输和维护，成本较低。

高压大功率变频调压电源可以满足特高压换流变压器关键性能参数试验要求的足够大容量。与同步发电机组和调压器相比，高压大功率变频调压电源解决了带单相负载不平衡的问题，而且能够在升压过程中调节电源频率，控制电压波形，从而提高了试验的有效性和可控性。

3.2.4 空载试验补偿方式

传统的空载试验方法主要是采取高压电容与换流变压器励磁绕组并联，补偿铁心饱和后空载电流中较大的感性无功分量。虽然高压电容对空载电流中感性工频基波分量有一定的补偿效果，但对空载电流中的谐波分量有放大作用。

这主要是在铁心饱和的情况下，电容与试验电源的等效电抗形成并联电路，被试换流变压器为谐波源 H，产生的谐波电流为 $\dot{I}_h$；试验电源则可看成感性负载 X_S，通过的谐波电流为 $\dot{I}_S$；补偿电容为 C，谐波电流为 $\dot{I}_C$，等效回路如图 3-4 所示。根据该回路有 $\dot{I}_S = \dot{I}_h + \dot{I}_C$，谐波电流 $\dot{I}_S$ 在试验电源阻抗 X_S 上产生的压降为 $\Delta U_S = I_S X_S$。可见，电容器对流入试验电源的谐波有放大作用，ΔU_S 增大是造成电压波形畸变的主要原因，因此纯电容补偿不适用于空载试验波形的控制要求，这也说明现有的试验方法存在重大技术缺陷。

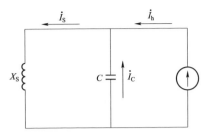

图 3-4　空载试验的等效电路（电容器）

针对特高压换流变压器的空载励磁特性，可采用高压滤波器。高压滤波器由电容 C、电感 L 和电阻 R 串联组成，其阻抗 Z_F 是频率 ω 的函数，即 $Z_F = 1/j\omega L + j\omega L + R$。滤波器阻抗随频率先减小后增大，当频率等于谐振频率时，阻抗最小且呈阻性；当频率小于谐振频率时，阻抗呈容性；频率大于谐振频率时，阻抗呈感性。

在空载试验中，当磁化曲线进入非线性区时，被试换流变压器可看成一个谐波电流源。试验电路可简化成如图 3-5 所示的两个等效电路的叠加，分别对应基波频率和谐波频率。

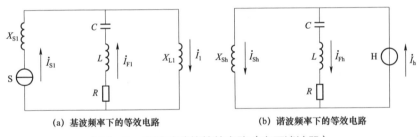

(a) 基波频率下的等效电路　　　　(b) 谐波频率下的等效电路

图 3-5　空载试验的等效电路（高压滤波器）

在基波频率下，等效电路如图 3-5（a）所示，滤波器整体呈容性，因此滤波器电流 $\dot{I}_{F1}$ 与被试变压器空载励磁电流 $\dot{I}_{S1}$ 相位相反，滤波器起到了补偿的作用。

在谐波频率下，等效电路如图 3-5（b）所示，设滤波器谐振频率次数为 n，谐波频率次数为 h，分两种情况讨论：

（1）当 $n \leq h$ 时，滤波器呈感性或阻性，滤波器电流 $\dot{I}_{Fh}$ 与流经电源漏抗的谐波电流 $\dot{I}_{Sh}$ 相位相同，滤波器起到了分流谐波电流 $\dot{I}_h$ 的作用，$I_{Sh} < I_h$，谐波压降 $\Delta U_{Sh} = I_{Sh} X_{Sh}$ 变小，电压波形得到改善。

（2）当 $n > h$ 时，滤波器呈容性，滤波器电流 $\dot{I}_{Fh}$ 与流经电源漏抗的谐波电流 $\dot{I}_{Sh}$ 相位相同，滤波器放大了谐波电流 $\dot{I}_h$，$I_{Sh} > I_h$，谐波压降 ΔU_{Sh} 增大，试验电压波形反而变差。例如，5 次谐波滤波器会对 3 次谐波有放大作用，因此使用 5 次谐波滤波器时，必须同时使用 3 次谐波滤波器。

仿真研究也支持上述结论。在试验电压为 $1.1U_N$ 的情况下,对不同电容参数、滤波器参数对滤波效果和补偿效果的影响进行仿真研究,主要研究补偿方式对电压波形校正因数 d、总谐波畸变率 THD 和电源输出功率等指标的影响。电压波形校正因数 d 和总谐波畸变率 THD 越小,表示滤波效果越好;电源输出功率越小,表示补偿效果越好,试验对电源容量要求越小。仿真结果见表 3-1。

表 3-1　　　　　　　　　不同补偿方式对波形和电源功率的影响

补偿方式	d（%）	总谐波畸变率 THD（%）	电源输出功率（kVA）
不加电容或滤波器	−4.23	9.68	3140
电容器（C=100nF）	−4.07	11.15	2775
电容器（C=200nF）	−4.25	17.76	2569
电容器（C=300nF）	−5.06	17.76	2958
电容器（C=838nF）	−4.64	30.43	5545
3 次谐波滤波器（C_3=188nF）	−2.31	7.78	1738/1738
3 次谐波滤波器（C_3=376nF）	−1.93	6.96	1066/1105
3 次谐波滤波器（C_3=376nF）5 次谐波滤波器（C_5=188nF）	−0.82	4.19	755/1689

表 3-1 中斜杠"/"后面的数值表示整个升压过程中电源输出功率的最大值。采用滤波器进行补偿时会出现在升压过程中电源输出功率先增大后减小再增大的变化规律,其变化函数有一个极大值和一个极小值。滤波器容量越大,极小值对应的励磁电压越高,且极大值越大,如图 3-6 所示。

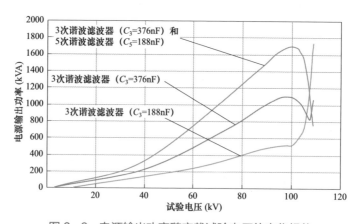

图 3-6　电源输出功率随空载试验电压的变化规律

对比几种补偿情况的仿真结果，可以得出以下结论：

（1）采用电容补偿后波形校正因数 d 的绝对值一般并不减小，而总谐波畸变率 THD 明显增大，且补偿的容量越大，总谐波畸变率 THD 越大。

（2）采用电容补偿对减小电源功率的作用非常有限，如果按照王贻平《大型变压器现场空载试验技术》一文中的估算方法补偿电容容量，电源输出功率不但没有减小反而显著上升（见表 3－1 中 $C=838\text{nF}$ 的情况）。

（3）采用滤波器时，对应次数的谐波电压明显减小，波形校正因数 d 的绝对值和总谐波畸变率 THD 均大幅度减小。滤波器容量越大，波形越好，采用 3 次谐波滤波器和 5 次谐波滤波器并联比单独采用 3 次谐波滤波器的波形要好。

（4）采用滤波器时，试验电源容量的控制因素是升压过程中电源输出功率的极大值。如果采用的滤波器容量合适，可以显著减小电源功率。根据仿真经验，试验电源容量最小可减小到被试变压器空载容量的一半左右。

3.2.5　空载试验用滤波补偿装置选型方法

高压滤波器由固定电容器和可调电感组成。这里以 3 次谐波滤波器的选型方法为例进行介绍，5 次谐波滤波器的选型方法与原理与 3 次谐波滤波器的一致，不再赘述。

首先，确定所述高压 3 次谐波滤波器的电阻 R_3、电感 L_3 和电容 C_3。3 次谐波滤波器的电阻、电感、电容可由式（3－1）～式（3－3）确定。

$$\frac{3Z_k}{R_3+3Z_k}I_3R_3 = U_3 < 3\%U_0 \tag{3－1}$$

$$Q = \frac{\omega_0 L_3}{R_3} \tag{3－2}$$

$$3\omega_0 L_3 = \frac{1}{3\omega_0 C_3} \tag{3－3}$$

式中　　U_0 ——被试变压器试验电压的基波分量；

　　　　Z_k ——被试变压器阻抗；

　　　　R_3——可调电感的电阻；

　　　　L_3——可调电感；

　　　　C_3——固定电容器电容量；

　　　　U_3——高压 3 次谐波滤波器承受的 3 次谐波电压；

I_3——被试变压器的 3 次谐波电流分量，由制造厂提供；

Q——高压滤波器的品质因数，取值范围为 [40，100]，一般取 50。

其次，确定所述固定电容器和可调电感的额定电流 I_N。固定电容器和可调电感串联使用，因此两者的额定电流一致，其包含基波电流分量和 3 次谐波电流分量。固定电容器和可调电感的额定电流 I_N 由式（3-4）和式（3-5）确定。

$$I_N = \sqrt{I_0^2 + I_3^2} \qquad (3-4)$$

$$I_0 = \frac{U_0}{1/\omega_0 C_3 - \omega_0 L_3} = \frac{9}{8}\omega_0 C_3 U_0 \qquad (3-5)$$

式中 I_0——被试变压器的基波电流分量。

最后，确定所述固定电容器的额定电压 U_{LN} 和可调电感的额定电压 U_{CN}。固定电容器和可调电感所承受的电压包含基波分量和 3 次谐波分量。固定电容器的额定电压 U_{LN} 和可调电感的额定电压 U_{CN} 可由式（3-6）～式（3-9）确定。

$$U_{C3.0} = \frac{1}{9}U_{L3.0} = \frac{1}{8}U_0 \qquad (3-6)$$

$$U_{C3.0} = U_{L3.0} = 3\omega_0 C_3 L_3 \qquad (3-7)$$

$$U_{CN} > U_{C3.3} + U_{C3.0} \qquad (3-8)$$

$$U_{LN} > U_{L3.3} + U_{L3.0} \qquad (3-9)$$

式中 $U_{C3.0}$——固定电容器承受的基波电压分量；

$U_{C3.3}$——固定电容器承受的 3 次谐波电压分量；

$U_{L3.0}$——可调电感承受的基波电压分量；

$U_{L3.3}$——可调电感承受的 3 次谐波电压分量。

3.2.6 剩磁的判断及去磁方法

绕组直流电阻测量等可能会造成换流变压器铁心的剩磁。换流变压器铁心剩磁可能导致励磁电流发生畸变和有效值增加，空载损耗也会增加，从而影响试验测量的准确性。因此，有必要进行换流变压器是否剩磁的判定，并采取必要的去磁措施。

1. 剩磁的判断方法

（1）低电压空载电流判定法。铁心剩磁后会导致空载电流发生畸变，在同样的励磁电压下，空载电流也会发生变化。通过测量换流变压器低电压空载电流并与出厂试验值进行比较，可判断换流变压器铁心的剩磁状态。当实测空载电流与出厂值相差不大时，可认为换流变压器铁心无明显剩磁，否则说明换流变压器铁心有明显剩磁。

（2）励磁特性曲线判定法。在升压过程中依次记录对应电压的空载电流和空载损耗，在降压过程中再次进行测量，对比两者的结果，如果出现一致性偏差（后者比前者总是偏小），则说明存在剩磁。

2. 去磁方法

（1）交流去磁法。实验证明，对铁心进行反复交流励磁可以起到对铁心去磁的效果，该方法称为交流去磁法。在试验频率下，将空载试验电压反复由 0 升高到 1.1 倍额定电压，然后逐渐降压到零；再次升压到 1.1 倍额定电压。在此过程中，运用励磁特性曲线判定法判断换流变压器是否仍有剩磁，直至完成去磁。

（2）直流去磁法。合适的直流励磁也可以起到对铁心去磁的效果，该方法称为直流去磁法。直流去磁法需要有较为复杂的控制才能保证去磁效果，因此一般需要有专用仪器才能完成。目前已有专用的变压器铁心直流去磁装置，部分直流电阻测试仪也具有智能去磁功能。

3.3　试　验　装　备

3.3.1　高压变频电源

1. 结构原理

高压大功率变频调压电源采用 16 个功率单元 H 桥级联的方式组成 10kV 单相交流电压输出，输入由 10kV 三相交流电经移相变压器提供。移相变压器输出绕组每相 8 个抽头，给每个功率单元整流环节提供独立的交流输入。高压大功率变频调压电源主要包括移相变压器、功率单元和控制系统，单相变频电源结构如图 3-7 所示。

高压变频电源系统为可移动的集装箱整体安装结构，系统框图如图 3-8 所示。对本体可直接操作，也可采用光纤连接远程控制器进行操作。

集装箱内部由输入 10kV 开关柜、输入移相变压器、功率单元、输出 10kV 开关柜、输出 LC 滤波器、保护系统、制热系统、散热系统、控制系统等组成。

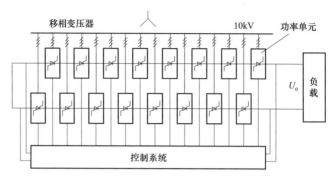

图 3-7 单相变频电源结构

该系统需输入两路电源供电：一路为高压主电源（10kV，三相），另一路为低压辅助电源；输出为单相高压 0～10kV 可调，频率为 0～120Hz 可调。

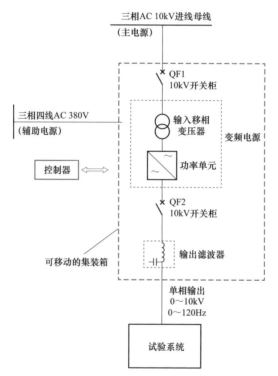

图 3-8 高压变频电源系统框图

2. 载波移相正弦脉宽调制

所谓载波移相正弦脉宽调制（CPS－SPWM），是在自然采样正弦脉宽调制（SPWM）技术与多重化技术的基础上形成的调制技术，是级联型多电平变换器中常用的调制方法。该技术的主要思想是 N 个串联的 H 桥单元（功率单元）均采用低开关频率的 SPWM，其具有相同的调制波，但各单元的三角载波依次相差 360°/N，通过单元的电压叠加形成多电平的 SPWM 波形。该技术可以在较低的器件开关频率下实现等效的高开关频率效果，使 SPWM 技术可以应用于大功率场合，并能提高装置容量，减少谐波输出。

载波移相正弦脉宽调制包含载波移相与 SPWM 两部分。其中，SPWM 是针对单个 H 桥逆变单元的控制策略，载波移相针对的则是多单元级联的电压叠加。

（1）SPWM。H 桥逆变器的简化电路如图 3-9 所示。它包括两个桥臂，每个桥臂由两个绝缘栅双极型晶体管（IGBT）串联构成。逆变器直流母线电压 U_d 固定不变，输出的交流电压 U_o 可由单极性或双极性调制方法进行调节，施加在负载两端。

单极性 PWM 调制的特点是：在一个开关周期内两只功率管以较高的开关频率互补开关，保证可以得到理想的正弦输出电压；另外两只功率管以较低的输出电压在基波频

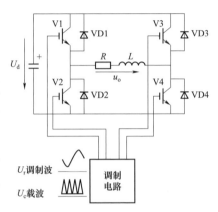

图 3-9　H 桥逆变器的简化电路

率工作，从而在很大程度上减小了开关损耗。但是，并不是固定其中一个桥臂始终在低频（输出基频），另一个桥臂始终在高频（载波频率），而是每半个输出电压周期切换一次工作，即同一个桥臂在前半个周期工作在低频，而在后半个周期则工作在高频，这样可以使两个桥臂的功率管工作状态均衡。选用同样的功率管时，使其使用寿命均衡，可增加其可靠性。

双极性 PWM 调制方式的特点是：4 个功率管都工作在较高频率（载波频率），虽然能得到正弦输出电压波形，但其代价是产生了较大的开关损耗。

这里所采用的是单极性 PWM 调制方法。下面以单个单元为例，对单极性 PWM 调制进行简要说明。

在图 3-10 中，U_r 为正弦调制波，U_c 为高频载波。直流母线电压为 U_d，V1、V2、V3、V4 为 4 只 IGBT，连接方式为 H 桥型。VD1、VD2、VD3 与 VD4 分别为反并联二极管。

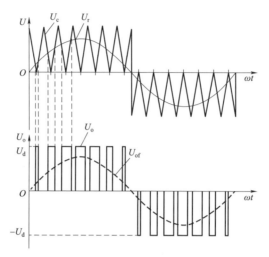

图 3-10 SPWM 原理

对 U_r 与 U_c 进行实时比较，分为正、负半周控制。

1）当 U_r 在正半周时，V1 保持通，V2 保持断。

当 $U_r > U_c$ 时，控制 V4 通，V3 断，$U_o = U_d$。

当 $U_r < U_c$ 时，控制 V4 断，V3 通，$U_o = 0$。

2）当 U_r 在负半周时，V1 保持断，V2 保持通。

当 $U_r < U_c$ 时，控制 V3 通，V4 断，$U_o = -U_d$。

当 $U_r > U_c$ 时，控制 V3 断，V4 通，$U_o = 0$。

根据 U_r 与 U_c 比较的结果控制 IGBT 的导通顺序，可得到脉宽变化的、正负交变的 PWM 输出电压波形 U_o。

（2）载波移相。以单相 4 级 H 桥单元级联为例，每个单元首尾相连，形成级联模式，如图 3-11 所示。载波移相原理如图 3-12 所示，各个 H 桥单元调制波同为 U_r，但各 H 桥单元载波 U_{c1}、U_{c2}、U_{c3}、U_{c4} 相位互相差 90°，由此 H 桥单元 Unit1～Unit4 经过 SPWM 调制后产生带有相位差的 PWM 波形，经过串联叠加后，产生等效的高频高压的输出电压 U_o。串联 H 桥输出电压的电平数 M 可由式（3-10）计算得到。

$$M = 2N + 1 \qquad (3-10)$$

式中 N——一相中 H 桥单元的数目。

例如，若 18 级 H 桥单元串联，则得到输出电压的电平数为 37。

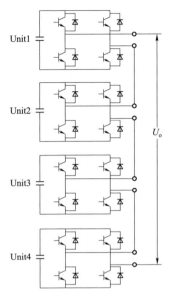

图 3-11 单相 4 级串联

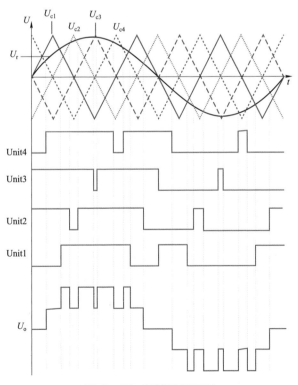

图 3-12 载波移相原理

高压变频电源额定输出电压为 10kV，采用 18 级 H 桥单元串联。移相变压器一次电压为 10kV，变压器二次侧的输出电压即功率单元的输入电压为 690V，每个功率单元的最高输出电压也为 690V。18 个单元串联后，相电压为 690V×18＝12420（V），大于或等于额定 10kV 的电压等级。图 3−13 和图 3−14 所示分别为实测的高压变频电源输出电压波形（无滤波器）和电流波形。

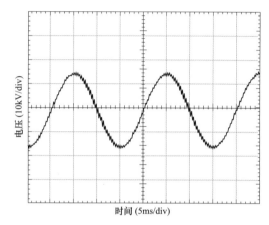

图 3−13　高压变频电源输出电压波形（无滤波器）

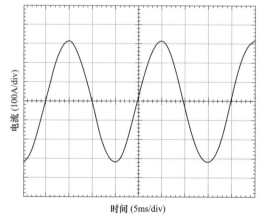

图 3−14　高压变频电源输出电流波形

3. 移相变压器

输入变压器采用的是干式移相整流变压器，它是一种专门为中高压变频器提供多相整流电源的装置，具有防潮、耐热、阻燃、防腐蚀、机械强度高、局部放电小等优点。目前主要有两种干式变压器：一种是以树脂绝缘为代表的树脂浇注式干式变压器（ORDT），另一种是以 Nomex 纸绝缘为代表的浸漆式干式变压器（OVDT）。OVDT 以 C 级绝缘材料 Nomex 纸作为绝缘介质，具有更高的可靠性和环保特性，而且具有更好的经济性。这里选用的干式变压器即为OVDT。

干式移相整流变压器采用延边三角形移相原理，通过多个不同的移相角二次绕组，可以组成等效相数为 9、12、15、18、24、27 等的整流变压器。

根据绕组连接方式的不同，移相方式可以分为顺延与逆延两种，对应二次侧电压为超前或滞后一次电压。以移相角 α 为例，顺延移相变压器移相连接图和移相相量图如图 3－15 与图 3－16 所示。一次绕组为星形连接，二次绕组则由两部分线圈 N2、N3 组成，按照图 3－16 中的方式连接成延边三角形，三相输入电压 V_A、V_B、V_C 依次相差 120°，分析可知，二次线电压 V_{ab} 超前一次电压 V_{AB} 的角度为 α，从而实现了二次侧电压移相功能。

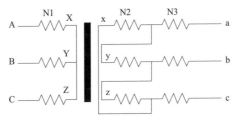

图 3－15　移相连接图

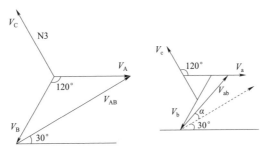

图 3－16　移相相量图

变压器的一次侧直接接入高压电网，其二次侧有多个三相绕组，移相角度分别为 0°、$\theta°$、…、$(60-\theta)°$。当变频电源每相由 n 个 H 桥单元串联时，每相就由 n 个绕组构成，$\theta = 60°/n$，从而实现了输入的多重化，形成 $6n$ 脉波整流。例如，每相由 9 个 H 桥单元组成，则形成 54 脉波整流。这样如果各 H 桥单元功率平衡，电流幅值相同，理论上一次侧输入电流中不含（$6n\pm1$）次以下谐波，并可提高功率因数，一般不需要再配备无功补偿和谐波滤波装置。

综上所述，移相变压器作为整流回路不可缺少的组成部分，主要有三项功能：一是将输入高压变成低压，从而可以由低压电力电子器件直接进行逆变；二是实现整流器与电网间的电气隔离；三是通过一次侧、二次侧线电压的相位偏移消除谐波，减少变频电源对电网的干扰。

移相变压器的主要参数：

额定容量：6000kVA。

一次侧额定输入线电压：10kV（1±10%），要求在此电压范围内都能满容量工作。

二次侧额定输出线电压：主绕组 0.69kV×9×2，辅助电源绕组 380V（30kVA，中性点引出）。

空载输出电压允许偏差：−2.0%～+2.5%；输出电压不平衡度：≤2%（不平衡度是指每小组空载输出三相电压的不平衡情况）。

额定频率：50Hz（基波频率为50Hz；谐波频率：5 次 20%，7 次 14%，11 次 9%，13 次 7%）。

阻抗电压：6%～8%。

效率：≥97.5%。

局部放电：≤10pC。

一次侧抽头：共有 3 组，分别为95%额定电压、100%额定电压及105%额定电压。

绝缘等级：H 级。

冷却方式：风冷。

额定电流下绕组平均温升：125K。

脉波数：54 脉波。

4. 结构设计

总体结构小型化是户外运输与使用的必然要求。变频电源需要满足户外运行条件，必然要设计成集装箱式结构。

在部分边远地区，由于大型起重机与重型汽车资源很少，只能找到中小型运输车辆，若将变频电源设计为整体集装箱式，就会产生找不到大型运输车辆、耽误调试时间、增加费用等问题。因此，采用分离式设计，将功率单元与控制柜配置在一个集装箱中，将变压器配置在另一个集装箱中，这样两个集装箱的体积将变为原来的一半，质量也变为原来的一半，从而方便了运输，节省了时间与费用。

　　分离式集装箱变频电源是超越于室内变频电源的重大优势，是变频电源具
有移动性、灵活性、便捷性的重要创新设计。整体变频电源结构如图 3-17 所示。

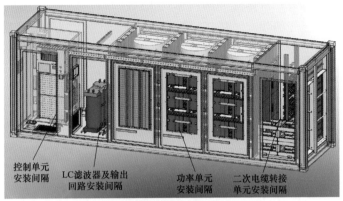

控制单元
安装间隔　　LC滤波器及输出　　　功率单元　　二次电缆转接
　　　　　　回路安装间隔　　　安装间隔　　单元安装间隔

(a) 变频电源控制与功率集装箱

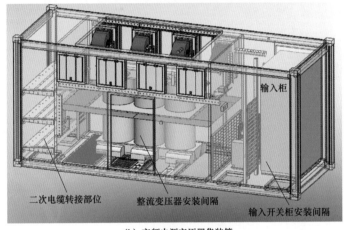

输入柜

二次电缆转接部位　　　整流变压器安装间隔
　　　　　　　　　　　　　　　　　输入开关柜安装间隔

(b) 变频电源变压器集装箱

(c) 变频电源整体实物图

图 3-17　整体变频电源结构

由于变频电源受到集装箱空间的限制，其功率单元结构与常规功率单元结构有很大不同，被设计成分体功率单元，结构如图 3-18。功率单元分为三个部分：左边是整流部分，连接三相交流电；中间是直流电容组，正负极由复合母排连接；右侧是逆变部分，包括 IGBT 与控制板卡。分体并不意味着毫无联系，正常工作时，三个部分之间的同一极性复合母排是通过螺栓紧固在一起的。分体功率单元解决了狭小空间的配置问题，但代价是增加了单元设计的复杂性，使得内部配件结构复杂，单元生产周期延长，组装与拆卸单元烦琐，单元维护工作量增加，维护时间延长。所以，无论是人力成本、技术成本还是时间成本，都与一体化设计相差很多。

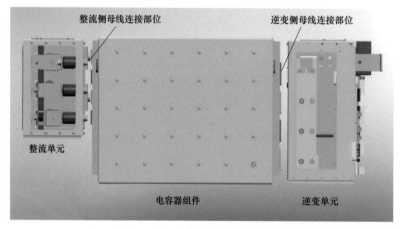

图 3-18　分体功率单元结构

3.3.2　高压滤波器与补偿电容

高压滤波器参数设计主要考虑滤波器额定电压、3 次谐波滤波器额定容量、5 次谐波滤波器额定容量对电压波形和升压变压器输出功率的影响。设计目标是波形指标达到 $|d|<3\%$ 且总谐波畸变率 THD＜5% 的要求，同时滤波器容量和升压变压器输出功率尽量小。

1. 额定电压

高压滤波器的额定电压应按照最大试验电压选取。换流变压器（阀侧）额定电压为 $171.3/\sqrt{3}\,\mathrm{kV}$，$1.15U_N$ 下为 113.7kV。考虑空载试验中电压有效值一般比平均值电压表的有效值读数大，取一定的安全裕量，选择额定电压为 130kV。

2. 3 次谐波滤波器额定容量

在 $1.1U_N$ 下仿真研究了 3 次谐波滤波器的容量与电压波形校正因数 d、总谐波畸变率 THD 和升压变压器输出功率 S_b 的关系。升压变压器容量分别为 3、4、5、6、10.5MVA 时的仿真结果如图 3−19～图 3−21 所示。

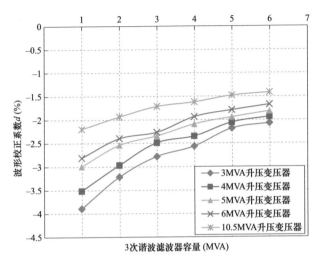

图 3−19　3 次谐波滤波器容量与波形校正因数 d 的关系

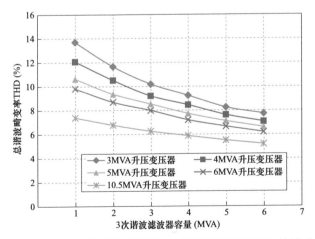

图 3−20　3 次谐波滤波器容量与总谐波畸变率 THD 的关系

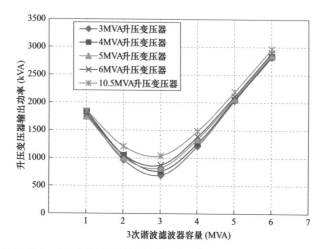

图 3-21　3 次谐波滤波器容量与升压变压器输出功率 S_b 的关系

从以上曲线图可以看出：

（1）滤波器容量与电压波形校正因数 d 的绝对值和总谐波畸变率 THD 均呈单调递减的关系。

（2）滤波器容量与升压变压器输出功率 S_b 呈 V 形曲线关系，当滤波器容量约为 3MVA 时 S_b 有极小值。

因此，在保证滤波效果的情况下，3 次谐波滤波器应选择 3MVA 的容量，这样可以最大限度地减小对试验电源和升压变压器容量的要求。

3. 5 次谐波滤波器额定容量

由图 3-19～图 3-21 可以看出，升压变压器容量越大，电压波形校正因数 d 的绝对值和总谐波畸变率 THD 越小；当 3 次滤波器容量选择 3MVA 时，满足 $|d| \leqslant 3\%$ 的要求，但电压总谐波畸变率 THD 较大，即使 3 次谐波滤波器容量选择 6MVA、升压变压器容量选择 10.5MVA 仍达不到总谐波畸变率 THD < 5% 的要求。因此，为了减小电压总谐波畸变率 THD，还应增加 5 次滤波器。

仿真研究了增加 5 次谐波滤波器后总谐波畸变率 THD 随 5 次谐波滤波器容量的变化关系。仿真条件是 3 次谐波滤波器选用 3MVA 容量，升压变压器容量分别选用 3、4、5、6、10.5MVA 的仿真结果如图 3-22 所示。

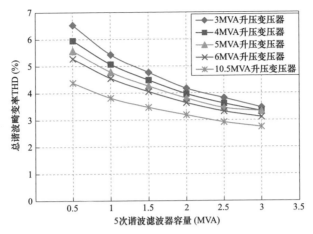

图 3-22　5 次谐波滤波器容量与总谐波畸变率 THD 的关系

由图 3-22 可见，增加了 5 次谐波滤波器后，总谐波畸变率 THD 明显减小。当升压变压器容量为 4MVA、3 次谐波滤波器容量为 3MVA 时，对比增加 5 次谐波滤波器（容量为 2MVA）前后的仿真结果，总谐波畸变率 THD 由 9.18%下降到 4.17%。因此，5 次谐波滤波器容量建议不小于 2MVA。

4. 滤波塔与补偿塔的共用设计

滤波塔工作电流小、电压高，而补偿塔则是工作电压低、电流大；且滤波塔只在空载试验中用到，负载试验中不需要。根据以上特点，可以通过将相同型号的电容器串联达到滤波塔的要求，将接线更改为并联方式达到低电压、大电流的补偿塔的要求。通过电容器的分时复用，可有效节约补偿容量，达到一塔多用的目的。

设计 3 次谐波滤波器和 5 次谐波滤波器，共需要设计 2 种共 4 个电容塔，3 次谐波滤波器对应的电容塔记为 C3，5 次谐波滤波器对应的电容塔记为 C5。如果 C3、C5 均取 0.31μF，则 C3、C5 在 Yd 和 Yy 两种换流变压器下空载试验中电压、电流随施加电压 U_S 的变化规律可知，Yd 接线情况下 C3、C5 上的电流、电压均小于 Yy 接线情况下的电流、电压，因此 C3、C5 的电流、电压按 Yy 接线选取。

考虑滤波塔 C3 和 C5，通过临时改变接线，配合补偿塔使用，可起到小容量调节的作用。所有电容塔应该都能方便运输，因此运输高度不超过 2.9m。所有电容塔应该能够方便现场安装和接线，因此应尽量做成整体吊装式，接线时只用接主要连接线，各个分电容器之间的连接线应事先紧固连接好，现场不必反复拆装。特别是滤波用的电容器可能有击穿、烧毁的可能，比较危险，应该设置可靠的保护装置。

滤波塔采用24台311kvar/11.55kV的电容器组成，用作滤波电容器时串联使用，用作补偿电容器时则按每层6台串联、4层并联的方式形成69.3kV/7.5Mvar的无功补偿能力。

整个电容塔安装在钢柱框架上，作为滤波塔使用时，为解决高电压带来的绝缘问题，需要在每层之间加装70kV的绝缘支柱。而作为补偿塔使用时，电容器的出线套管绝缘足以支撑80kV左右的电压，不需要绝缘支柱，可固定在电容塔底板上，便于整体运输。纯粹用作补偿的电容塔则不需要层间支柱绝缘子，而只需要四只支撑底座的绝缘子。

滤波塔和补偿塔实物图如图3-23和图3-24所示。

图3-23　滤波塔实物图

图3-24　补偿塔实物图

3.4　标　准　解　读

很多现行标准都提及了特高压交流变压器现场空载试验和负载试验，包括产品标准、交接试验标准、预防性试验标准和试验方法标准，现梳理如下：

（1）GB/T 1094.1—2013《电力变压器　第1部分：总则》。该标准是采标 IEC 60076-1：2011 并结合国内情况修改的国家标准，它对电力变压器的使用条件、技术要求、联结组标号、铭牌、安全环境要求、偏差和试验等进行了一般性规定。其中，11.4 条规定了短路阻抗和负载损耗测量的要求，并规定宜施加等于相应额定电流（分接电流）的分接电流，但不应低于该电流的 50%。这条规定决定了特高压换流变压器的负载试验需要非常大的试验容量，主要是无功补偿容量，在现场实施相对困难。11.5 条规定了空载损耗和空载电流测量的要求，在例行试验和型式试验中，除了额定电压下的测量外，还应在 90% 和 110% 额定（或相应的分接）电压下进行。而对于特高压换流变压器，电压达到 110% 额定电压时，铁心进入饱和区，为了防止铁心饱和引起试验电压的不稳定从而影响测量的准确性，该标准还对试验电压波形进行了规定。此外，该标准给出了采用平均值电压表读数和均方根电压表读数来表示波形质量的计算方法，并根据波形的质量来修正空载损耗的测量值。

（2）GB/T 18494.2—2022《变流变压器　第2部分：高压直流输电用换流变压器》。该标准是采标 IEC/IEEE 60076-57-129：2017 并结合国内情况修改的国家标准，它明确了高压直流输电用换流变压器的技术要求和试验要求，并对两类产品的实际应用提供了指导。其中，9.2 条规定了负载损耗和短路阻抗测量的要求，除按照 GB/T 1094.1—2013 的方法进行额定频率下的试验外，还要求在不低于 150Hz 的某一频率下进行第二次试验，根据这些测量结果可以推算绕组内、外附加杂散损耗的分布值，以及运行中的负载损耗，并在第 7 章中给出了计算的方法。另外，该标准在 9.13 条规定了负载电流试验的要求以验证变压器的载流能力，在 9.20 条规定了过励磁试验的要求。

（3）Q/GDW 147—2006《高压直流输电用±800kV 级换流变压器通用技术规范》。该标准规定了±800kV 级直流输电工程用换流变压器的功能、结构、性能、安装和试验等方面的技术要求。其中，9.2.1 条规定了出厂例行试验项目，包括空载损耗和空载电流测量、负载损耗和短路阻抗测量（主分接和最大、最小分接）的要求，出厂例行试验还包括长时间空载试验和 1h 励磁测量，并在 9.3.15 条和 9.3.16 条中给出了试验方法和要求。9.3.1 条规定了交接试验项目，未要求进行空载试验；对于负载试验只提及频率响应特性或低压电抗测量，主要目的在于检测判断绕组是否发生变形，实际执行中一般频率响应特性和低压电抗测量都会开展。

（4）Q/GDW 1275—2015《±800kV 直流系统电气设备交接试验》和 DL/T 274—2012《±800kV 高压直流设备交接试验》。该两项标准均规定了±800kV 特高压直流输电工程换流变压器等设备的交接试验项目、方法和判据。对特高压换流变压器的交接试验项目的规定中，未涉及空载试验，涉及负载试验的只有阻抗测量，现场试验可采用低压阻抗测量；与出厂试验值相比，阻抗值偏差不宜超过±2%。

（5）Q/GDW 11743—2017《±1100kV 特高压直流设备交接试验》。该标准规定了±1100kV 特高压直流输电工程换流变压器等设备的交接试验项目和验收标准。其中，5.1 条规定了±1100kV 特高压换流变压器的交接试验项目，包括空载电流测量和短路阻抗测量。5.10 条进一步明确了空载电流指的是低电压下的空载电流，与相同电压下的出厂试验值比较，应无明显变化。5.11 条规定了小电流下的短路阻抗，与相同电流下的出厂试验值相比，偏差不宜超过±2%。

（6）DL/T 273—2012《±800kV 特高压直流设备预防性试验规程》。该标准规定了直流输电系统±800kV 换流站高压电气设备的预防性试验项目、周期和标准。其中，表 1 规定了±800kV 特高压换流变压器在怀疑绕组有变形或位移时进行阻抗测量的测量值，与前次试验值相比，阻抗值变化不应大于±1%。该标准未提及空载试验的要求。

（7）Q/GDW 11933—2018《±1100kV 换流站直流设备预防性试验规程》。该标准规定了±1100kV 换流站中换流变压器等设备的预防性试验项目、周期和要求。其中，表 1 规定了在怀疑绕组有变形或位移时进行换流变压器阻抗测量的测量值，与前次试验值相比，阻抗值变化不应大于±2%。该标准未提及空载试验的要求。

（8）JB/T 501—2021《电力变压器试验导则》。该标准规定了电力变压器例行试验、型式试验和特殊试验的程序及方法。该标准对变压器的各项试验规定得比较详细，不但介绍了试验的目的、一般要求、试验接线和设备仪器，而且对一些特殊型号的变压器试验的特殊要求以及特殊试验条件下的试验数据的处理方法、折算方法进行了规定，具有重要的参考价值。其中，第 13 章和第 14 章分别规定了空载损耗及空载电流的测量试验、短路阻抗及负载损耗的测量试验。

（9）DL/T 2001—2019《换流变压器空载、负载和温升现场试验导则》。该标准规定了换流变压器现场空载试验、负载试验和温升试验的方法、设备及合格标准。其中，第 6 章和第 7 章分别规定了空载试验和负载试验的试验方法、现场条件、试验接线、试验注意事项、试验设备、试验数据处理和试验合格依据等。该标准首次推荐了在现场采用高压变频电源和高压滤波器进行空载试验的方法；针对现场试验的特点提出阀侧绕组为 d 接线方式的换流变压器采用对称加压接线进行空载试验，解决了试验变压器电压过高而影响设备运输和移动性能的问题；结合研究成果和工程经验，还提出了空载试验用滤波补偿装置选型方法和现场负载试验用电容补偿塔的典型设计。

3.5　工　程　应　用

3.5.1　H 换流站换流变压器空载和负载试验

1. 试验对象

H 换流站极 I 高端换流变压器 d 接 B 相，换流变压器的主要参数如下：

额定容量：405.2MVA。

额定电压：$530/\sqrt{3}\,^{+23}_{-5}\times1.25\%/171.9\text{kV}$。

额定电流：1324.2A/2357.2A。

空载电流：0.0112%。

空载损耗：185.85kW。

2. 空载试验

（1）试验方法。试验采用 10kV 高压变频电源作为试验电源，经过两台升压变压器升压后对换流变压器的阀侧施加电压，换流变压器网侧开路。两台升压变压器低压侧异名端并联，而高压侧串联，高压尾端接地，两端高压输出反向电压。H 换流站换流变压器空载试验电路双边加压原理如图 3-25 所示，H 换流站换流变压器空载试验现场布置如图 3-26 所示。

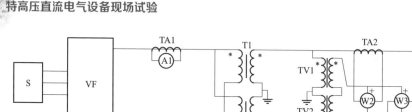

图 3-25 H 换流站换流变压器空载试验电路双边加压原理

S—10kV 三相交流电源；VF—高压变频电源；T1、T2—升压变压器；TA1、TA2、TA3—电流互感器；

TV1、TV2—电压互感器；A1、W2、W3—功率分析仪的三个独立通道；T—被试换流变压器（d 接）

图 3-26 H 换流站换流变压器空载试验现场布置

H 换流站换流变压器现场空载试验使用的设备、仪器有：

1）高压变频电源：自行研制，额定电压 10kV/10kV，额定电流 550A，额定容量 5500kW。

2）升压变压器 T1、T2：额定电压 10kV/120kV，额定容量 5000kVA。

3）电流互感器 TA1、TA2、TA3：TA1—12kV，600A/1A，0.1 级；TA2、TA3—150kV，50A/1A，0.01 级。

4）电压互感器 TV1、TV2：150kV/100V，0.01 级。

5）功率分析仪：WT3000。

6）录波仪：DL750。

（2）试验结果。实测空载损耗 187.86kW，空载电流 0.10%，与出厂数据相吻合。额定电压下的测量结果如图 3-27 所示，其中 F4 为用仪器函数计算功能计算得到的电压波形校正因数，额定电压下仅为 $d_1 = -1.51\%$。出厂试验时在额定电压下的电压波形校正因数 $d_2 = (171.73 - 175.89)/171.73 = -2.4\%$。显然，应用该项目的试验方法即不使用高压滤波器，在同样试验条件（同样试品、同样电压）下，试验电压波形控制更优。因此，现场试验的结果更加可信，说明该套试验平台拥有比 60MVA 发电机组更好的试验能力。

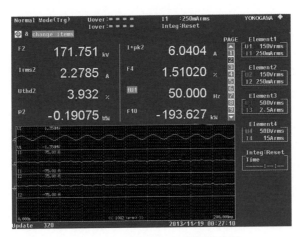

图 3−27　额定电压下的测量结果

最高升电压达到 1.07 倍额定电压（184.083kV）时的测量结果如图 3−28 所示。此时波形校正因数达到 3.9%，超过了标准规定的 $|d| \leqslant 3\%$ 的要求。但是，相比出厂试验时相同电压下的波形校正因数为 7%，仍然显示出该套试验装置具有比大型发电机组更强的试验能力和波形稳定能力。

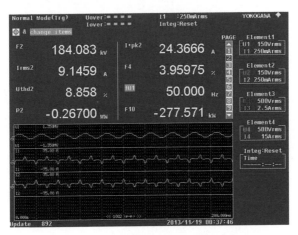

图 3−28　1.07 倍额定电压时的测量结果

3. 负载试验

（1）试验方法。负载试验采用 10kV 高压变频电源作为试验电源，直接对换流变压器的网侧施加电压，换流变压器阀侧短路，如图 3-29 所示。

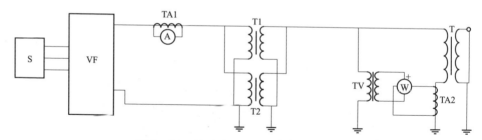

图 3-29 换流变压器负载试验电路原理

S—10kV 三相交流电源；VF—高压变频电源；T1、T2—升压变压器；TA1、TA2—电流互感器；
TV—电压互感器；W、A—功率分析仪的功率、电流测量；T—被试换流变压器

H 换流站换流变压器现场负载试验使用的设备、仪器有：

1）高压变频电源：自行研制，额定电压 10kV/10kV，额定电流 550A，额定容量 5500kW。

2）升压变压器 T1、T2：额定电压 10kV/66kV，额定容量 2500kVA。

3）电流互感器 TA1、TA2：TA_1—12kV，600A/1A，0.1 级；TA2—150kV，50A/1A，0.01 级。

4）电压互感器 TV：150kV/100V，0.01 级。

5）功率分析仪：WT3000。

（2）试验结果。由于缺少无功补偿装置，试验电源带无功能力有限，试验电压最大加到 3.29kV，相应的试验电流为 67.8A，折算短路阻抗为 20.99%，与出厂试验结果 20.49%相比大 2.4%。实测损耗 2.26kW，折算变压器负载损耗 1000kW，与出厂试验结果 983.8kW 相比大 1.6%。

测量误差的主要原因是在电压较低的情况下，变频电源输出电压波形谐波含量较大，达不到有关标准的要求。在高压输出为 3.29kV 的情况下，升压变压器变比为 6.6，以及高压变频电源输出电压仅为 498V，不到额定输出电压的 5%，此时电源输出电压波形具有较大的谐波，理论谐波含量达到 12%，实测谐波含量高达 15%，如图 3-30 所示。由于谐波的存在，测量阻抗和损耗均偏大。

（3）电源使用情况。H 换流站现场空载和负载试验使用的电源是换流站 10kV 配电小室中的备用电源。空载试验时间是 2013 年 11 月 19 日 00:37，负载试验时间是同日 11:57。图 3-31 显示了 H 换流站换流变压器空载和负载试验当日电源负荷情况。

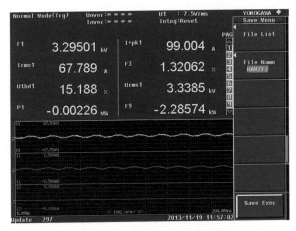

图 3-30 负载试验测量数据

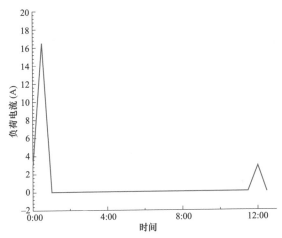

图 3-31 H 换流站换流变压器空载和负载试验当日电源负荷情况

结果显示，空载试验中一次电源最大电流仅为 16.5A，输出功率为 285.8kVA，有功功率为 280kW，因此电源输入侧功率因数为 97.9%，效率为 95.4%。

3.5.2 P换流站换流变压器空载和负载试验

1. 试验对象

P 换流站高端 Y 接 Y 换流变压器备用相，主要参数如下：

产品型号：ZZDFPZ-250200/500-800。

额定容量：250.2MVA。

额定电压：$525/\sqrt{3}_{-6}^{+18} \times 1.25\%/169.85/\sqrt{3}$ kV。

额定电流：825A/2551A。

空载电流：0.103%。

空载损耗：150.78kW。

出厂日期：2013 年 6 月 28 日。

2. 空载试验

（1）试验方法。试验采用 10kV 高压变频电源作为试验电源，通过 10kV/120kV 升压变压器将 50Hz 近似正弦的电压（电压波形符合 GB/T 16927.1—2011 的要求）施加到换流变压器阀侧绕组上，阀侧绕组并联 3 次谐波滤波器和 5 次谐波滤波器进行无功补偿及滤波，网侧绕组开路且尾端接地，接线如图 3－32 所示。P 换流站换流变压器空载试验现场布置如图 3－33 所示。

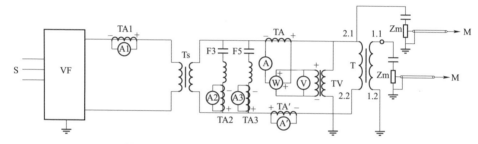

图 3－32　P 换流站换流变压器空载试验接线

S—10kV 三相交流电源；VF—高压变频电源；Ts—升压变压器；F3、F5—3 次谐波滤波器和 5 次谐波滤波器；
TA—电流互感器；TV—电压互感器；W、V、A—功率分析仪的功率、电压、电流测量；
T—被试换流变压器；Zm—局部放电检测阻抗；M—局部放电测试仪

图 3－33　P 换流站换流变压器
空载试验现场布置

（2）试验结果。实测空载损耗 149.43kW，空载电流 0.096%，与出厂数据相吻合。额定电压下的测量结果如图 3－34 所示，其中 F3 为用仪器函数计算功能计算得到的电压波形校正因数，在额定电压下仅为 $d_1 = -0.121\%$。出厂试验时在额定电压下的电压波形校正因数 $d_2 = （15.17 - 15.48）/15.17 = -2.0\%$（出厂试验时使用临时试验套管）。显然，应用该项目的试验方法（使用高压滤波器）后，在同样试验条件（同样试品、同样电压）下，试验电压波形控制更优。因此，现场试验的结果更加可信，说明该套试验平台拥有比 60MVA 发电机组更好的试验能力。

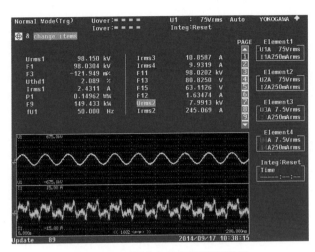

图 3-34　额定电压下的测量结果

最高升电压达到 1.115 倍额定电压（110.676kV）时的测量结果如图 3-35 所示。在高压滤波器的影响下，即使在如此深度饱和的情况下，波形校正因数仅达到-1.2%，仍未超过标准规定的 |d|≤3% 的要求。相比出厂试验时相同电压下的波形校正因数 8%，显示出该套试验装置具有比大型发电机组更强的试验能力和波形稳定能力。

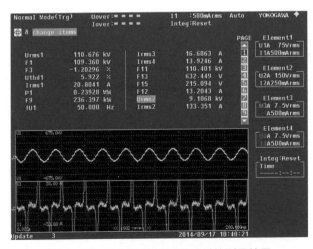

图 3-35　1.115 倍额定电压时的测量结果

现场试验结果与出厂试验结果的对比如图 3－36 所示，从中可以看出，现场试验测量的损耗相比出厂试验测量的损耗要略小，空载电流也略小。这种区别主要是由于现场试验中使用大功率高压变频电源及谐波滤波器，有效控制了电压波形，整个测量过程均保障了|*d*|≤3%的标准要求，减少了电压谐波对测量结果的影响，因此测量结果更趋近于真实情况，与出厂试验测量结果略有差异。

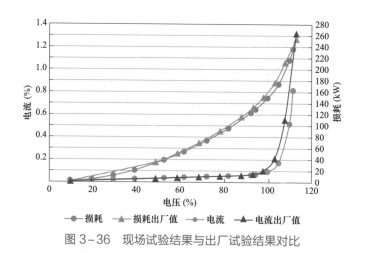

图 3－36　现场试验结果与出厂试验结果对比

3. 负载试验

（1）试验方法。试验采用 10kV 高压变频电源作为试验电源，通过 10kV/120kV 升压变压器将 50Hz 近似正弦的电压（电压波形符合 GB/T 16927.1—2011 要求）施加到换流变压器网侧绕组上，网侧绕组并联电容器进行无功补偿，阀侧绕组短路并接地，接线如图 3－37 所示。

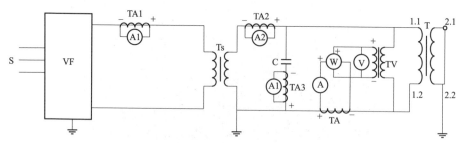

图 3－37　换流变压器负载试验接线

S—10kV 三相交流电源；VF—高压变频电源；Ts—升压变压器；C—无功补偿电容；TA—电流互感器；
TV—电压互感器；W、V、A—功率分析仪的功率、电压、电流测量；T—被试换流变压器

无功补偿电容 C 接线（下述单台电容 C1 额定电容量 11.464μF，额定电压

11.55kV，额定电流 42.2A；单台电容 C2 额定电容量 7.46μF，额定电压 11.5kV，额定电流 27A）：

1）分接开关位置为 +18 挡时，由 5 个电容塔并联组成，第 1 个和第 4 个电容塔相同，每个电容塔由 4 串电容并联，每串由 6 个单台电容 C1 串联组成；第 5 个电容塔由 6 串电容并联，每串由 6 个单台电容 C2 组成。

2）分接开关位置为额定挡时，由 5 个电容塔并联组成，第 1 个和第 4 个电容塔相同，每个电容塔由 4 串电容并联，每串由 4 个单台电容 C1 串联组成；第 5 个电容塔由 6 串电容并联，每串由 4 个单台电容 C2 组成。

（2）试验结果。试验实测数据见表 3-2。

表 3-2　　　　　　　　　　P 高端换流变压器负载试验结果
（频率：50Hz；油温：30℃）

分接位置	实加电流 (A)	实测电压 (kV)	短路阻抗（80℃）		实测负载损耗（kW）		
			（%）	（Ω）	$I^2R(t)$	$P_k(t)$	P_k（80℃）
+18	673.09	67.94	18.27	100.93	323.99	122.68	446.67
N	674.00	44.21	17.83	65.59	396.29	103.38	499.67

测量结果与出厂数据吻合，阻抗最大误差不超过 0.16%，损耗测量最大误差不超过 0.93%。这说明该套试验平台测量结果可信，可用于 ±800kV 特高压换流变压器的负载试验。

参 考 文 献

[1] 西南电业管理局试验研究所. 高压电气设备试验方法 [M]. 北京：水利电力出版社，1984.

[2] 王贻平. 大型变压器现场空载试验技术 [J]. 变压器，1996（8）：27-30.

[3] 王晓刚，李儒，蚁松. 大型电力变压器空载试验电源问题浅探 [J]. 变压器，2003（6）：29-31.

第 4 章

特高压换流变压器低频
加热试验技术

4.1　概　　述

换流变压器是直流输电系统中最为重要的设备之一。特高压大型换流变压器在现场组装完成后需对其进行加热干燥，加热干燥的效果将直接影响变压器的绝缘状态和投运后的性能。然而，由于特高压换流变压器容量大，对加热电源的容量和效率要求更高；且特高压输变电工程多分布在边疆地区，气候环境恶劣，在极端低温条件下，换流变压器散热功率与加热功率几近持平，进行现场加热十分困难。

传统的加热干燥方法为热油循环干燥法。其基本原理是利用高真空滤油机的进油泵迫使变压器油在滤油机加热器、真空脱气罐和变压器本体之间循环流动。多次循环中通过滤油机加热器加热入口绝缘油，从而达到加热和干燥的目的。对于大型变压器，由于其尺寸大，热油循环干燥法处理周期耗时长，不利于整个工程的进度。

相比传统方法，利用低频加热工艺可以有效缩短绝缘油温升时间，提高换流变压器安装过程中热油循环的工作效率，缩短安装时间；同时，绕组产生的热量由内而外传递可明显提升对变压器绝缘的干燥效果。

由于低频加热实施的便利性和加热干燥的有效性，在油浸式变压器生产、安装及检修中得到越来越多的应用。应用于北方寒冷地区的特高压工程，可大幅度缩短特高压直流换流变压器安装时热油循环的时间，提高安装施工效率，经济效益明显。

4.2　关　键　技　术

4.2.1　变压器现场加热干燥技术

1. 绕组加热干燥原理

变压器绝缘干燥实际上是水分在温度和水分浓度梯度的作用下由固体绝缘内扩散至油或者气体介质中，然后被排到变压器外部的过程。该过程可以用菲克第二定律进行描述，见式（4-1）。该扩散过程被认为是单向的，因为水分的轴向运动是可以忽略的。

$$\frac{\partial C}{\partial t} = D(C,T)\frac{\partial^2 C}{\partial x^2} \qquad (4-1)$$

式中　　$D(C,T)$——固体绝缘材料的扩散系数；

　　　　C——水的浓度；

　　　　T——温度；

　　　　t——时间；

　　　　x——介质中的位置。

扩散系数的经验公式为

$$D(C,T) = D_0 \exp\left[kC + E_a\left(\frac{1}{T_0} - \frac{1}{T}\right)\right] \qquad (4-2)$$

其中，$D_0 = 1.34 \times 10^{-13}\,\text{m}^2/\text{s}$；$k = 1.4$；$E_a = 8074\text{K}$；$T_0 = 273.15\text{K}$。

热油循环和真空干燥均可以通过设置不同的边界条件用该模型进行模拟。

在热油干燥情况下，欧门图表描述了油中水分和纸板中水分的关系随温度变化的规律。利用欧门图表可以对以上方程进行适当调整，即

$$C_{\text{equil}} = 2.173 \times 10^{-7} \times p_v^{0.6685} \times \exp\left(\frac{4735.6}{T}\right) \qquad (4-3)$$

式中　　p_v——水蒸气分压。

从式（4-3）可以看出，温度的升高和水蒸气气压的降低都有助于绝缘纸板中水分的析出，因此为了加快变压器中绝缘件的干燥，一方面需要将绝缘油加热，另一方面需要降低油中的水分含量。以上两点正是热油循环的原理。

热油循环时油箱上部的气体与油之间的水蒸气也存在类似的扩散平衡，通过提高真空度、降低空气中的水蒸气分压，可以进一步加快水分的析出。这就是热油循环＋真空循环加快干燥的原理。

热油循环只是对油进行了加热，变压器绝缘纸板本身的温度是通过热油传递的。对于特高压换流变压器来说，有大量较厚的绝缘纸板，通过热油循环很难快速提升纸板本身的温度，而由外向内传热的方式可使绝缘纸板的温度梯度由外向内逐渐降低，致使绝缘纸板内部水分有向内部扩散的趋势，这种情况不利于绝缘的干燥。因此，通过绕组的发热使纸板的温度梯度转向，使绝缘纸板内部水分具有向外扩散的趋势，有助于纸板内水分的析出。这就是热油循环中绕组辅助加热干燥的原理。

2. 低频加热技术原理

低频加热技术采用短路法，利用换流变压器绕组铜损发热。短路法通常将

换流变压器阀侧套管短接，接线如图 4-1 所示。

变压器短路状态下的等效电路如图 4-2 所示，其阻抗为 $Z = R + j\omega L$。在工频状态下，$j\omega L \gg R$，因此减小频率 ω 可以显著降低阻抗电压。当然，当频率减小到一定程度后，R 的大小不再可以忽略不计，进一步减小 ω 不会引起阻抗电压的降低。当频率足够低时，$j\omega L \ll R$，变压器阻抗电压主要由变压器的直流电阻决定。

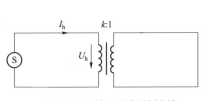

图 4-1　变压器短路接线

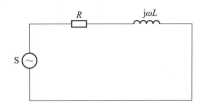

图 4-2　变压器短路状态下的等效电路

阻抗电压及无功容量与频率的关系如图 4-3 所示。从中可以明显地看出，阻抗电压总体上与频率成正比，当频率接近零时，阻抗电压趋近于常数，该常数即为变压器直流电阻与短路电流的乘积。无功容量与频率成正比。因此，降低频率不但可以降低阻抗电压，而且可以降低无功容量，提高加热电源的功率因数，避免使用大容量的补偿装置。

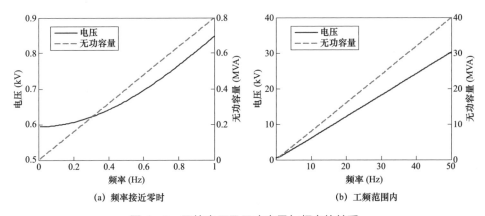

(a) 频率接近零时　　　　　　　　(b) 工频范围内

图 4-3　阻抗电压及无功容量与频率的关系

相比工频短路加热技术，低频加热技术明显能够克服其局限性。对于换流变压器，频率低至 1Hz 以下时，其阻抗电压低于 1kV，通过简单的绝缘措施就可以保证安全，从而避免大量安全监护人员长时间值守。同时，升压装置和补偿装置都可以省略，从而大大减少了设备占地面积，减少了现场工作量，提高了工作效率。

4.2.2　低频加热的优势

在换流变压器中，负载损耗主要包括电阻损耗、杂散损耗、涡流及环流损耗、引线损耗。

电源功率

$$S = I_h U_h = I_h^2 (j\omega L + R) \qquad (4-4)$$

式中　L、R——变压器折算后到高压侧的漏感和漏阻，即

$$L = \frac{U_N^2}{\omega_0 S_N} \qquad (4-5)$$

$$R = \frac{P_k}{I_N^2} \qquad (4-6)$$

式中　ω_0——变压器额定角频率。

当电源采用工频时，被试变压器阻抗呈感性。为降低加热电源的无功功率，使电源输出电流接近被试变压器额定电流，需采用大量电容对被试变压器进行补偿。

采用低频电源的方法进行变压器加热时，由于 ω 大幅度减小，功率因数相应提高，对电源的需求也大大减少。这样可以很好地避免处理庞大的无功功率消耗，而将电源功率尽可能地用于变压器加热，电源的电压 $U_h = I_h \omega L$ 也可以大幅度降低。

不足的是，当电源频率较小时，杂散损耗、涡流损耗等也较小，但这些损耗占变压器负载损耗的比例并不高。用低频电源进行加热时，如果忽略换流变压器的杂散损耗、涡流损耗和环流损耗，当加热电流为 I_h 时，加热功率 $P = I_h^2 R_z$，其中 R_z 是换流变压器折算的直流电阻，即

$$R_z = R_1 + k^2 R_2 \qquad (4-7)$$

式中　R_1、R_2——变压器高压侧和低压侧的直流电阻。

当加热电流 $I_h = I_N$ 时，加热功率

$$P = I_N^2 (R_1 + k^2 R_2) \qquad (4-8)$$

直流电阻的发热功率约占变压器总负载损耗的 60%～90%，根据经验该功率

可以很好地满足换流变压器的发热要求。

当加热电源的频率足够低时，继续减小频率对电源功率和电源电压的降低作用将不再明显，这是因为

$$\frac{\Delta S}{S} = \frac{\Delta U_{\text{h}}}{U_{\text{h}}} = \frac{\Delta \omega L}{\omega L + R} \qquad (4-9)$$

当 $\omega L < \dfrac{R}{10}$ 时，$\Delta \omega L < \dfrac{R}{10}$，因此 $\Delta S < \dfrac{1}{11}S$，$\Delta U_{\text{h}} < \dfrac{1}{11}U_{\text{h}}$。

另外，如果励磁频率过低，可能导致变压器在短路状态下励磁电流过大，变压器铁心存在饱和风险。因此，显然不可以直接用直流电源进行换流变压器加热。

低频加热电源有如下几个方面的特点：

（1）工作电压低，安全可靠。输入电压为交流 380V，电源功率特征电阻与换流变压器短路电阻近似，整个加热装置不涉及高压设备，安全防护工作相对简单，比较适合基建现场。

（2）电源主机体积小，质量小。对于工期紧张、多方面工作同步进行的工程施工现场，加热设备的占地面积小，不占用其他工作的通道和场地，能够真正起到提高效率的作用。

（3）监测全面，控制灵活。加热电源对输入/输出电压和电流、油温、环境温度等参量进行实时监控，可通过电流和频率的独立调节随时控制加热功率，保证整个加热过程全程可控。

（4）电源整体效率高。应用成熟的晶闸管技术，开通和工作频率低，功率器件自身损耗小。

（5）功率因数较高。

4.2.3　冷却方式对低频加热的影响

特高压换流变压器的冷却方式是强迫油循环导向风冷（ODAF），其中 OD 指把油直接导入线圈，如图 4-4 所示。

ODAF 线圈中油的流动要靠泵的压力，与负载基本无关；ODAF 的线圈冷却作用强烈，上下温差小，理论上说，热点温度与线圈平均温度之差也小。在 ODAF 作用下，线圈各部位都应得到均匀冷却，万一出现冷却死角，对绝缘会很不利。

特高压直流电气设备现场试验

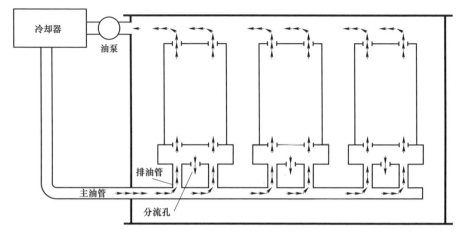

图 4-4　ODAF 冷却方式

在油泵开启的情况下，ODAF 的顶层油温与绕组平均温度的差值比采用强迫油循环风冷（OFAF）的温差更小；在同样热点温升要求的情况下，进行低频加热时一旦发生油泵停止的情况，对 ODAF 冷却方式（常见于换流变压器）应及时退出低频加热电源，并重启潜油泵，否则可能导致绕组热点过热。

4.2.4　低频加热研制

低频加热电源原理如图 4-5 所示。该模型是典型的三相变压器单相交-交变换电路，采用两个方向相反的半控型整流回路，通过周期性地交换正负方向的两个整流桥工作，实现电压的交变输出。

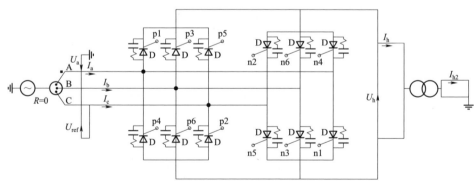

图 4-5　低频加热电源原理

p—正极整流桥；n—负极整流桥

88

该模型有如下特点：

（1）采用半控型器件进行整流，可以通过控制导通角对输出电压进行调节，从而方便地调节电流。

（2）半控型器件在电流过零时自然关断，由于电感电流的存在，最后一组导通的晶闸管并不能马上关断，而是必须等到电感电流自然衰减至零，在此器件的另一组整流桥不可以开启工作，否则会导致电源短路。

（3）交－交变换无须采用直流支撑电容，电路结构简单可靠。

低频加热电源采用准方波输出方式，也就是整流桥基本上工作在 0° 触发全波整流和闭锁两种工作状态，输出电压波形近似为方波。方波控制下的交－交变换电路负载上的电压、电流波形如图 4-6 所示。

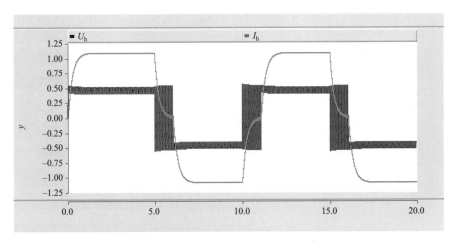

图 4-6　方波控制下的交－交变换电路负载上的电流、电压波形

图 4-6 显示一个周期中电压、电流波形明显经历了 6 个阶段。第 1 阶段电压为正极性准直流电压，且幅值较为稳定，电流缓慢上升。当电感充电完成后电流稳定，进入第 2 阶段。第 3 阶段整流桥闭锁，但因电感电流无法突变，最后一组导通的晶闸管无法关断，电感缓慢放电，负载承受 50Hz 的交流电压；直至电流为零，第一组整流桥完全关断，反向整流桥开始导通，进入第 4 阶段，电流反向开始缓慢上升。第 4、5、6 阶段是第 1、2、3 阶段的反向重复，道理一致。方波控制下的交－交变换电路中某两个整流桥中各晶闸管的电流波形如图 4-7 所示。

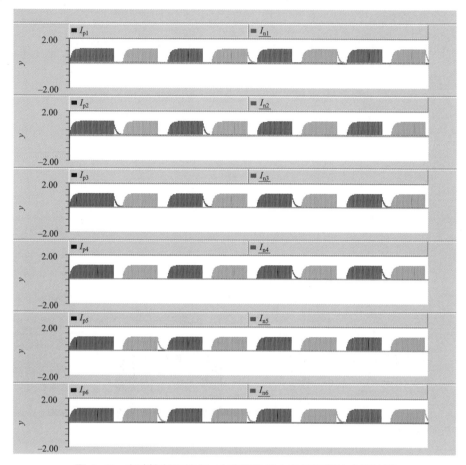

图4-7 方波控制下的交-交变换电路中各晶闸管的电流波形

当整流桥工作在全波整流状态时，电源功率因数比较高，接近于1，如图4-8所示。增加导通角可以改变输出电压幅值，从而改变输出电流，这样会降低电源功率因数。

采用双整流桥方式时，功率因数与输出电流的关系如图4-8所示，低频加热电源具有输出功率较大、功率因数高、自身损耗低、控制方式简单可靠等优点。

用于变压器绕组加热的低频电源主电路由两个三相桥式全控整流电路组成，控制电路为16位单片机，开关器件选用大功率普通晶闸管。电路工作中一个整流桥输出低频电源的正半周，另一个整流桥输出低频电源的负半周。只要合理地选择正、负整流桥的换相时刻，就可确保低频可靠换相，输出不同的电流波形（如方波、正弦波等）。其中，输出电压、输出电流可进行 $0\sim U_{\mathrm{m}}$（最大值）

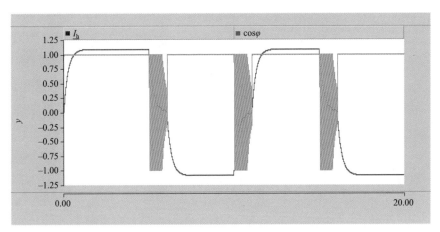

图 4-8　交-交变换电路中功率因数变化曲线

无级调节。由于该电源输出频率低，在保证满足输出电流波形的情况下，选择晶闸管交-交变频电路，有如下优点：

（1）交-交变频电路可四象限运行，对于感性较重的负载，无须附加电路，可将电感中的磁场能量自动回馈电网。

（2）器件开关频率很低，并处于软关断状态，开关损耗很小，可忽略不计。

（3）晶闸管通态压降小，故装置的通态损耗远低于自关断器件。

（4）晶闸管抗冲击电流能力强，其浪涌电流是其平均电流的近 20 倍。

（5）电路拓扑结构简单，应用技术成熟，装置可靠性高，维护方便。

（6）同样电压、电流容量的晶闸管与自关断器件相比价格低得多，故装置成本低。

（7）装置整体损耗低，故体积小，质量小。

设计适用于特高压换流变压器现场低频加热的通用低频加热电源时，应统筹考虑应用对象特点、应用环境特征以及低频加热电源本身的特性，以使其基本参数既满足 Yd 换流变压器的要求，也满足 Yy 换流变压器的要求。该低频加热电源的额定功率、额定电压和额定电流主要受以下两个方面的共同影响：

（1）装置的额定功率应基本满足特高压换流变压器在北方冬季辅助热油循环快速升温的要求，那么其额定功率应该比 -20℃ 环境温度情况下换流变压器的自身散热功率要大，发热电源的发热功率（有功功率）达到被加热变压器负载损耗的 60% 左右即可满足现场加热的需求。

（2）装置的实际输出电流受负载等效阻抗的影响，当负载阻抗与装置内阻抗相匹配时能够输出最大功率，当负载阻抗与内阻抗不匹配时最大输出功率受额定电压或者额定电流的限制。

依据以上原则，设计低频加热电源时其主要技术参数如下：

额定输出容量：600kW。

输出电压：单相 50～537V，零起调压。

额定输出电流：1200A。

输出频率：0.01～3Hz，调节分辨率 0.01Hz。

输出波形：交变方波。

控制方式：远程（采用光纤连接与控制箱机通信）。

工作制：长时连续。

冷却方式：强迫风冷。

系统效率：≥95%（满功率输出时）。

工作电源：交流 380V，50Hz 三相（或三相四线），不小于 1000kVA。

工作环境温度：－20～40℃（低温下，内部采取加热措施）。

工作环境相对湿度：≤90%（无凝露）。

海拔：2000m 以下。

储存环境：温度－45～55℃，相对湿度≤95%（无凝露）。

4.2.5　低频加热频率

1. 频率与铁心磁通的关系

低频短路加热法是指将变压器一侧绕组短路，在另一侧绕组施加电流，利用变压器绕组等产生的负载损耗从变压器内部对绝缘进行加热干燥，电路等效模型如图 4－9 所示。

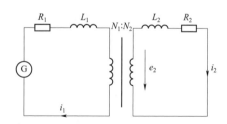

图 4－9　低频短路加热法的电路等效模型

G—低频加热电源；R_1、R_2—两侧绕组直流电阻；L_1、L_2—两侧绕组漏电感；
N_1、N_2——一、二次侧线圈匝数；i_1、i_2——一、二次侧线圈电流；e_2—二次侧电动势

一、二次侧线圈匝数为 N_1、N_2，电流为 i_1、i_2，则变压器二次侧电压方程为

$$e_2(t) = i_2(t)R_2 + L_2 \frac{\mathrm{d}i_2(t)}{\mathrm{d}t} \tag{4-10}$$

根据电磁感应定律，e_2 与铁心磁通的关系为

$$e_2(t) = -N_2 \frac{\mathrm{d}\varphi(t)}{\mathrm{d}t} \tag{4-11}$$

结合式（4-10）和式（4-11）并积分，则可将铁心磁通 $\varphi(t)$ 表示为

$$\varphi(t) = -\frac{R_2}{N_2} \int_0^t i_2(t)\mathrm{d}t - \frac{L_2 i_2(t)}{N_2} + \frac{L_2}{N_2} i_2(0) + \varphi(0) \tag{4-12}$$

式（4-12）中第二项分子 $L_2 i_2(t)$ 是二次侧绕组的漏磁通，低频情况下可以忽略不计，即 $L_2 i_2(t) = 0$，因此铁心磁感应强度 $B(t)$ 与可测量 $i_2(t)$ 之间的关系为

$$-\frac{SN_2}{R_2}[B(t) - B(0)] = \int_0^t i_2(t)\mathrm{d}t \tag{4-13}$$

式中　S——铁心截面面积。

$B(0) = L_2 i_2(0) / (SN_2) + \varphi(0)$ 是 $t=0$ 时刻的初始值，当铁心存在剩磁时，初始值不为零。

根据麦克斯韦方程，铁心磁场强度 $H(t)$ 与可测量 $i_1(t)$ 和 $i_2(t)$ 的关系为

$$\frac{H(t)l}{N_2} = ki_1(t) - i_2(t) \tag{4-14}$$

式中　l——铁心长度；

　　　k——变压器的变比，$k = N_1 / N_2$。

则式（4-13）和式（4-14）左边为磁感应强度 $B(t)$ 和磁场强度 $H(t)$ 的线性表达式，右边均为可测量的量。以两等式右边的量分别作为横坐标和纵坐标绘制的曲线即为铁心 $B-H$ 曲线缩放、平移后的曲线。

2. 临界频率的估算

曲线缩放、平移后的形状特征保持不变，因此可以通过绘制缩放、平移后的 $B-H$ 曲线的形状来判断铁心是否饱和。同样电流情况下，频率较高，铁心未饱和，则曲线形状是一条直线；当频率足够低，铁心饱和时，曲线形状将出现 "__◢▔" 形的折线，$B-H$ 曲线刚刚出现拐点的临界频率对应铁心饱和的临界频率。

假设 $i_2(t)$ 的波形是周期性波形，且半周期 $i_2(t)$ 大于零，另一半周期 $i_2(t)$ 小于

零（如正弦波波形），则式（4-13）右边 i_2 对时间 t 的积分值则会呈周期性变化，对应 $i_2(t)$ 大于零的区间内，积分为单调增函数，对应 $i_2(t)$ 小于零的区间内，积分为单调减函数。因此，对应临界频率，式（4-13）右边的最大变化量为半个周期的积分，而左边的最大变化量则对应于 $B(t)$ 取值为 B_{max} 和 $-B_{max}$（B_{max} 为 $B-H$ 曲线中对应拐点的 B 的绝对值）。

以 $i_2(t)$ 的波形为正弦波为例，设 I_2 为正弦波峰值，临界频率为 f_{min}，其波形表达式为 $i_2(t) = I_2 \sin[2\pi f_{min}(t-\tau)]$，$t=\tau$ 时刻为正弦波由负变正的过零点时刻，$t=\tau+1/(2f_{min})$ 则为正弦波由正变负的过零点时刻。根据式（4-13）和以上的推导，应该有

$$-\frac{SN_2}{R_2}[B_{max} - B(0)] = \int_0^\tau I_2 \sin[2\pi f_{min}(t-\tau)]dt \tag{4-15}$$

$$-\frac{SN_2}{R_2}[-B_{max} - B(0)] = \int_0^{\tau+1/(2f_{min})} I_2 \sin[2\pi f_{min}(t-\tau)]dt \tag{4-16}$$

式（4-15）减式（4-16）可得

$$\frac{2SN_2}{R_2}B_{max} = \int_\tau^{\tau+1/(2f_{min})} I_2 \sin[2\pi f_{min}(t-\tau)]dt \tag{4-17}$$

化简得

$$f_{min} = \frac{I_2 R_2}{2\pi SN_2 B_{max}} \tag{4-18}$$

至此，可求出铁心饱和临界频率的表达式，但是铁心截面面积 S、绕组匝数 N_2、铁心 $B-H$ 曲线拐点对应的最大磁感应强度 B_{max} 在实际中并不容易获取。为了让铁心饱和临界频率的表达式更加实用，还需用到变压器工频情况下的饱和特性。为了尽量减小铁心的体积，变压器设计时一般将额定频率和额定电压下的铁心磁通密度确定为 $B-H$ 的拐点处，因此变压器额定频率和额定电压对应的铁心磁通与式（4-18）中的 B_{max} 是同一个数值。根据工频铁心磁通的公式有

$$E = -N_2 \frac{d\varphi}{dt} = 2\pi f_0 N_2 B_{max} S \sin(2\pi f_0 t) \tag{4-19}$$

式（4-19）中 $f_0 = 50\text{Hz}$，磁通 φ 是余弦函数，E 是形如 $\sqrt{2}U_N \sin(2\pi f_0 t)$ 的正弦函数，因此等式两边约去 $\sin(2\pi f_0 t)$ 为

$$\sqrt{2}U_N = 2\pi f_0 N_2 B_{max} S \tag{4-20}$$

代入式（4-18）后得到

$$f_{\min} = 35.36 I_2 R_2 / U_N \qquad (4-21)$$

3. 低频方波的临界频率估算

假设 $i_2(t)$ 的波形为方波,实践证明一、二次侧也可以产生电磁感应,且低频方波可由晶闸管组成的交 – 交变频电路组成,其电路控制更加简单,相同电流下加热效率更高。

按照以上分析也可以求取低频方波的临界频率。当该频率高于临界频率 $f_{\min}$ 时,低频方波可以像正弦波一样能够在一、二次侧产生电磁感应,一、二次侧电流均为低频方波,电流比例接近线圈变比。当该频率低于临界频率 $f_{\min}$ 时,会在 $t = 1/(2 f_{\min})$ 时刻出现铁心饱和,随后一次侧线圈电流增加(恒压源方式),而二次侧电流减小直至为零。

假设二次侧线圈上的低频方波电流幅值为 I_2,与正弦波的推导过程相似,可将式(4 – 17)右边的积分函数由正弦波换为方波对应的常函数,即

$$\frac{2 S N_2}{R_2} B_{\max} = \frac{I_2}{2 f_{\min}} \qquad (4-22)$$

代入式(4 – 18)即可得低频方波加热时铁心饱和的临界频率估算公式,即

$$f_{\min} = 55.52 I_2 R_2 / U_N \qquad (4-23)$$

式(4 – 23)即为低频加热时最佳频率的计算方法。

4. 换流变压器加热频率

以某厂 500kV 低端 Yd 换流变压器为例,其基本参数见表 4 – 1。短路侧为阀侧绕组,其绕组电阻 $R_2 = 0.07865\Omega$,额定电压 $U_2 = 535/1.732 = 309$(kV),加热电流受换流变压器额定输出电流的限制,$I_2 = 1176.5A$(网侧与阀侧的变比是 1.803:1,因此短路侧电流为 2121A),可根据公式计算换流变压器加热频率最小值,即

表 4 – 1　　　　　某厂 500kV 低端 Yd 换流变压器基本参数

项目	参数
规格型号	ZZDFPZ – 363400 – 500 – 200
变比	1.803
冷却方式	ODAF
80℃下网侧直流电阻(Ω)	0.20474
80℃下阀侧直流电阻(Ω)	0.07865

$$f_{\min} = 55.52 \times 2121 \times 0.07865/309000 = 0.03 \text{（Hz）} \qquad (4-24)$$

留一定的安全裕度，取整后，Yd 换流变压器低频加热的电源频率不应小于 0.04Hz，如此可以保证加热过程中铁心不发生饱和且具有最大的加热效率。

某厂 500kV 低端 Yy 换流变压器基本参数见表 4-2。

表 4-2　　　　　　　某厂 500kV 低端 Yy 换流变压器基本参数

项目	参数
规格型号	ZZDFPZ－363400－500－400
变比	3.123
冷却方式	ODAF
80℃下网侧直流电阻（Ω）	0.21243
80℃下阀侧直流电阻（Ω）	0.02770

$$f_{\min} = 55.52 \times 2121 \times 0.07865/309000 = 0.018 \text{（Hz）} \qquad (4-25)$$

留一定的安全裕度，取整后，Yy 换流变压器低频加热的电源频率不应小于 0.03Hz，如此可以保证加热过程中铁心不发生饱和且具有最大的加热效率。

4.2.6　低频加热接线

（1）换流变压器接线。应用该低频加热电源对大型换流变压器进行加热时采用的是短路加热法，低频加热电源的现场实施方案如图 4-10 所示。

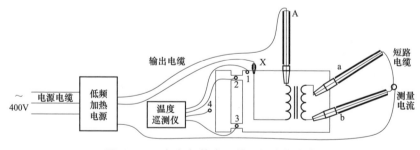

图 4-10　低频加热电源的现场实施方案

1—变压器油箱顶部；2—冷却器上油管；3—冷却器下油管；4—环境温度

低频加热电源将 380V 交流电源变换为超低频率的方波电压源，从被加热换流变压器网侧施加电压，被加热换流变压器阀侧短路。

（2）低频加热接线方案的选择原则。换流变压器低频加热接线方案的选择

应遵循以下原则:

1)负载阻抗选取应适中。负载阻抗过小时,低频加热电源输出额定电流时,输出电压仍较低,影响低频加热电源工作状态,同时输出电流谐波含量较高,对输入电源影响较大;负载阻抗过大时,加热效率较低。

2)试验接线应便捷且安全可靠。加热功率等其他因素相似的情况下,应尽量减少接线数量,同时避免因接线原因导致的意外发生。

4.2.7 低频加热工艺流程

低频加热主要解决的问题是在低温环境下,特高压换流变压器安装后热油循环升温速度慢或者难以达到标准要求的温度的问题。低频加热的主要目的是以较快的速度安全地将油循环的温度提升到标准要求的温度,因此加热效率是一个重要指标。同时,保证被加热设备的安全是开展低频加热的前提。因此,防控各种可能的风险,确保被加热设备的安全是低频加热的重要限制性指标。

低频加热工艺流程的制定首先是要依据现有的标准,使相关参数尽量满足现有标准的要求。当现有标准没有明确规定时,则按照试验、仿真、理论推导的有关结论确定流程参数。

根据仿真计算,低频加热单独使用时,虽然能够快速提升油温,但是也有可能存在绕组热点温度超过105℃的情况,且这种绕组热点温度难以用现场可观测的数据直接监测;同时,因与被加热设备的工作工况不同,所以没有现成的温升标准或者运行规程可以参考,无法进行准确预测。因此,低频加热一定要与热油循环同时进行。

根据 GB 50148—2010《电气装置安装工程 电力变压器、油浸电抗器、互感器施工及验收规范》的规定,利用油箱加热且不带油干燥时,箱壁温度不宜超过 110℃,箱底温度不宜超过 100℃,绕组温度不宜超过 95℃;带油干燥时,上层油温不得超过 85℃;热风干燥时,进风温度不得超过 100℃。

GB 50148—2010 规定了加热干燥时的最大允许温度,但在寒冷地区,由于气温较低,变压器本身散热较快,常规的热油循环等现场加热干燥措施可能无法达到较高的温度。根据式(4-3),干燥的最终效果与加热温度有关,加热温度过低可能导致干燥效果非常差,同时干燥时间非常长。因此,还需规定加热干燥的最低温度。

变压器制造厂的现场加热干燥工艺要求热油循环的入口热油温度不小于

60℃，因此采用热油循环+低频加热电源辅助加热。

干燥过程中应注意使加热均匀，升温速度以 10～15℃/h 为宜，防止产生局部过热。特别是绕组部分，不应超过其绝缘耐热等级的最高允许温度。

为了防止变压器局部过热，一方面应该实时监测绕组的温度，使绕组温升在可控范围内；另一方面应该保持油的流动。当加热干燥时有热油循环，油机的油泵推动了热油的循环流动，有效避免了热油局部过热；当加热干燥时无热油循环，则应启动至少一组潜油泵来推动油的流动。

4.2.8 参数监控方法

1. 监控参数

加热过程中，通过对以下几个参数的监控，可以确保被加热换流变压器安全可靠加热：

（1）监测环境温度、变压器上层油温、热油循环进口与出口油温，确保换流变压器内部温度可控。在通过仿真计算了解温度分布规律的情况下，检测关键节点的油温可以大致推算出换流变压器内部的温度情况。

（2）监视输出电流峰值和有效值，确保两者皆不大于被加热换流变压器的额定工作电流。可以通过低频加热电源的操作主机界面进行监视。对电流波形的监视也能起到防范换流变压器铁心饱和风险的作用。

（3）监视换流变压器绕组温度。通过测量稳态电压与电流值计算变压器实时等效阻抗，计算变压器绕组等效直流电阻，从而实时推算绕组平均温度，确保绕组温升在安全范围内。

2. 油温的监控方法

变压器顶层油温有现成的温度监测装置，可以直接利用已经校准和安装完毕的变压器顶层油温温度计来监控。

滤油机的进口和出口油温在滤油机中本身就有监测装置，可以直接利用滤油机的温度监测装置进行监控。

环境温度可使用常规温湿度计进行监测，但应注意，被加热设备采用保温材料进行保温时，应同时监测保温材料内部和外部的环境温度。

变压器顶层油温、滤油机进口和出口油温、环境温度的变化相对缓慢，每小时更新一次读数即可满足监控的要求。

3. 绕组温度监控方法

低频方波的优点之一是：在方波的半个周期内，电源相当于直流恒压源，因此可以方便地通过电压与电流的比值来计算变压器绕组的直流电阻，根据绕组等效直流电阻 R 的变化来推算绕组的平均温度。例如，已知两侧绕组在 80℃ 时的直流电阻，分别为 R_1' 和 R_2'，则直流电阻与绕组平均温度的关系为

$$\frac{R}{R_1'+k^2R_2'}=\frac{235+T}{235+80} \qquad (4-26)$$

因此

$$T=\frac{315R}{R_1'+k^2R_2'}-235 \qquad (4-27)$$

如果两绕组的实际温度为 T_1 和 T_2，则显然有 $T_1<T<T_2$ 或者 $T_2<T<T_1$。两绕组温度差别越小，利用该方法估算的温度越准确。

4. 铁心磁通监控方法

（1）频率控制。对于换流变压器，通过选择合适的加热频率，可以有效控制铁心磁通，避免铁心发生饱和。

（2）电流控制。对于换流变压器，根据式（4-23），低频方波加热时铁心饱和的临界频率与低频加热电流有效值成正比，因此固定频率下控制电流的大小也是控制铁心饱和的重要方法。如果低频加热电源一开始就工作在临界频率，随着加热的进行，绕组的直流电阻随着温度的上升，其临界频率也会上升，工作频率不变就会导致铁心磁通发生饱和。通过电流波形可以明显看出铁心饱和发生的征兆。

低频加热电源有监测电流波形的功能，当电流波形出现如图 4-11 所示的畸变时，说明铁心磁通进入拐点，即将发生饱和，此时应果断降低电流以减小磁通。

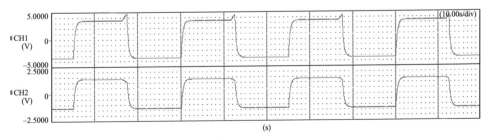

图 4-11 变压器即将发生铁心饱和的电流曲线

CH1—网侧电流；CH2—阀侧电流

4.3 工 程 应 用

4.3.1 被试品与试验设备

（1）加热对象。±800kV II换流站低端换流变压器 Yd B 相，换流变压器的主要参数如下：

额定容量：405.2MVA。

额定电压：$530/\sqrt{3}_{-5}^{+23}\times1.25\%/171.9kV$。

额定电流：1324.2A/2357.2A。

阻抗电压：19.71%。

直流电阻（20℃）：网侧 0.16131Ω，阀侧 0.05492Ω。

（2）低频加热电源。自行研制，额定电流 1200A，额定功率 600kW，输出电压为直流 537V，工作频率为 0.01～3Hz，工作波形为方波。

（3）电缆。电源电缆：铜心 240mm² × 2 股 × 3 相；输出电缆：铜心 240mm² × 2 股 × 2 线；短路电缆：铜心 300mm² × 8 股。

（4）电流传感器。霍尔电流传感器，额定电流 1500A，输出电压 4V。

（5）温度巡测仪。16 通道，配备 30m 热电偶测温。热电偶布点：1—上层油温；2—散热器进油口；3—散热器出油口；4—环境温度。

（6）16 通道波形记录仪。

（7）直流电阻测试仪。最大电流 20A，具有智能退磁功能。

（8）变比测试仪。

（9）温湿度计。

（10）红外热成像仪。

4.3.2 实施步骤

（1）调节变压器到额定挡位，采用直流电阻测试仪测量变压器网侧和阀侧绕组的直流电阻 R_1 和 R_2，测量过程用录波仪全程记录直流电阻测试仪的输出电流和输出电压。

（2）采用变比测试仪测量变压器的当前挡位变比 k。

（3）计算绕组等效直流电阻 $R = R_1 + k^2 R_2$，并记录当前环境温度 T_{01}、变压

器上层油温 T_{02} 和变压器绕组温度 T_{03}。

（4）按照图 4-10 连接试验设备和仪器，确保各部分连接紧密。

（5）开启温度巡测仪监视变压器上层油温、散热器进口和出口油温、环境温度，并对整个试验过程进行监视。

（6）开启全部散热器进出口蝶阀，开启全部散热器油泵（但不启动风机），等待 10min，确保变压器油整体稳定循环。

（7）启动低频加热电源，初始设定输出电流频率为 3Hz，逐步增大输出电流，对变压器采用短路法进行加热，升流过程中使用波形记录仪记录输入电流、输出电压、输出电流和阀侧短路电流；升流过程中实时监测和估算绕组的平均温升，确保绕组温升不超过 40K。

（8）加热过程中全程监视低频加热电源的输出电流及变压器阀侧感应电流，采用红外热成像仪监测变压器与电缆接头的温度，确保不产生过热。

（9）当输出电流有效值到达 50%变压器额定电流后，适当降低输出电流频率（控制频率不出现铁心饱和），增大电流，提高输出功率，调节过程中注意观察电流波形和频率，确保不出现铁心饱和的特征电流波形。

（10）每隔 30min 开启油泵 5min，同时关闭散热器进出口蝶阀，使变压器油温逐步提高。

（11）待变压器上层油温达到 65℃时，降低电流到 20A 以下，切断低频加热电源输出。

（12）打开所有散热器进出口蝶阀，继续监视变压器上层油温，确认变压器油温达到最大值并开始下降。

（13）用激光点温计或者红外热成像仪测量变压器绕组连接部温度，该温度小于 40℃时开始拆除连接线。

（14）恢复变压器试验前原始状态，试验结束。

4.3.3 加热结果与评估

低频加热电源首次应用于±800kV H 换流站换流变压器并取得圆满成功。按照预先审定的技术方案，在生产厂家以及国内行业知名专家的共同见证下，对±800kV H 换流站极 I 的一台±800kV 换流变压器应用低频加热电源进行了加热试验。随着频率的逐步减小，注入变压器的有功电流逐渐增加，重达 405t 的变压器在试验人员的控制下，油温按 1℃/5min 的速度上升。试验结果表明，该装置加热效果显著，升温时间仅为大型油机用时的 1/10，且加热过程中换流变压器的主要技术指标可测可控。

按照试验接线，网侧采用 $2 \times 240mm^2$ 的电缆进行连接。由于低频加热电源工作时电压较低，不超过 1000V，远低于电缆橡胶外皮的绝缘能力，因此接线时无须考虑电缆的绝缘问题，从而使得试验接线相对简单，如图 4-12 所示。

图 4-12　低频加热工作时由于电压低网侧接线无须考虑高压绝缘

作为世界上首次在现场对特高压换流变压器进行低频加热的试验，试验过程中增加了变压器温度监测和红外热像分析，对低频加热电源的输出电流、电压、功率等参量增加了双重监测，并进行了全程录波。换流变压器厂家代表、施工方代表、国家电网有限公司专家等见证了此次试验，如图 4-13 所示。

图 4-13　各方见证下成功进行换流变压器低频加热试验

试验过程中，电源频率在 0.01～3Hz 内连续可调，调节精度达到 0.01Hz。如图 4－14 所示，低频加热电源实时显示施加的电源频率为 0.1Hz，输出电压为 450.2V，输出电流为 1227A，计算绕组平均温度为 26℃。

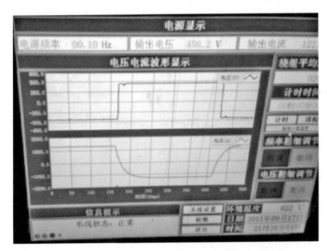

图 4－14　电流、电压、功率及绕组温度等均可测可控

在环境温度为 9℃，换流变压器开启一组潜油泵和散热器的情况下，低频加热和热油循环工作 1h，油温升高 12℃。结果符合工艺控制的要求，加热速度是大型真空滤油机热油循环加热效率的 10 倍，可以大幅度减少加热时间。

为了验证换流变压器铁心不发生饱和的频率下限的计算方法的正确性，将电源频率逐步降低至 0.03Hz 时，观察到加热电流波形的变化（如图 4－15 中的第一个半周期）；根据之前的分析，换流变压器铁心已经进入非线性区，为了避免变压器铁心饱和，及时将工作频率调回 0.04Hz，从图 4－15 可以看出，变压器铁心因之前进入了非线性区，存在一定的剩磁，总是在正极性的半周期内电流波形发生畸变。但是，交变的励磁电流存在一定的退磁作用，6 个周期后，剩磁现象基本消失。

以上实验结果与理论计算和模型实验的结果相吻合，验证了防止低频加热过程中换流变压器铁心饱和的频率控制方法的正确性，也体现了低频方波电源在直观判断换流变压器铁心饱和方面的优势。

采用交－交变频技术设计的 0.01～3Hz 低频加热电源，体积是目前最先进的工频加热电源的 1/20、质量的 1/30，具有集成度高、安全稳定性好、能长时间运行等优点。

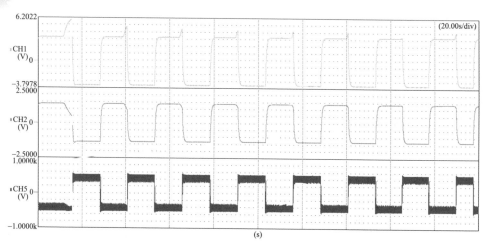

图 4-15 频率降低到临界频率 0.04Hz 时电流波形明显发生变化

CH1—网侧电流；CH2—阀侧电流；CH5—低频加热电源输出电压

该技术的成功应用，将彻底解决冬季低温导致换流变压器热油加温耗时过长以及换流变压器低温启动困难等工程技术难题。

4.3.4　现场推广应用结果

经过第一台特高压换流变压器的低频加热试验，现场验证了低频加热技术的可行性。在施工现场入冬之后，环境温度降低，换流变压器现场干燥处理时间明显加长，低频加热技术可显著缩短换流变压器热油循环时间。

在不使用低频加热的情况下，热油循环变压器的温度记录见表 4-3。2013年 12 月，白天平均气温约为 0℃，单独使用两台 120kW 的真空滤油机进行热油循环加热，经过 12h 上层油温度由 16℃升高到 53℃；夜晚温度下降，最低温度达到 -14℃，变压器温度在两台大容量油机的全功率运行下，都难以维持温度。要达到安装工艺规定的上层油温 70℃的指标要求，不使用辅助加热根本不可能。

表 4-3　　　　不使用低频加热情况下热油循环变压器温度记录表

（06 新变压器　换流变压器）滤油值班记录			
哈密南±800kV 换流站工程		12 月 17 日 7 时开始热油循环	
序号	时间	变压器上层油温（℃）	变压器下层油温（℃）	滤油机出口温度（℃）
1	7:00	16	14	50

（06 新变压器　换流变压器）滤油值班记录				
哈密南±800kV 换流站工程		12 月 17 日 7 时开始热油循环		
序号	时间	变压器上层油温 （℃）	变压器下层油温 （℃）	滤油机出口温度 （℃）
2	8:00	16	14	50
3	9:00	16	14	50
4	10.00	20	16	52
5	11:00	20	16	52
6	12:00	23	16	52
7	13:00	27	16	52
8	14:00	30	16	52
9	15:00	35	18	52
10	16:00	39	20	54
11	17:00	45	22	56
12	18:00	47	24	59
13	19:00	53	26	60

　　这种情况下，低频加热技术在±800kV H 换流站换流变压器安装现场的加热干燥过程中得到快速推广应用。

　　2013 年 12 月，国网湖北省电力有限公司电力科学研究院在工程现场对 A 厂制造的极Ⅰ高端 Y 接 A 相换流变压器运用了低频加热技术。该换流变压器油质量为 138t，为其加热的两台滤油机加热功率总共为 120kW×2＝240kW。由于现场环境温度较低，采用传统工艺即完全利用滤油机工作，滤油机出口油温保持 70℃的情况下，经过 48h 换流变压器下层油温达到 35℃，随后增长缓慢，按安装人员的经验要 3～5 天才能达到需要保持的 60℃。而采用国网湖北省电力有限公司电力科学研究院设计的低频加热电源，结合滤油机，从晚上 20:33 至第二日凌晨 6:30，仅用了 10h 就将换流变压器下层油温提升了近 50℃，之后利用滤油机使油温达到了安装要求。低频加热电源辅助加热时变压器油温及环境温度随时间的变化曲线如图 4－16 所示。

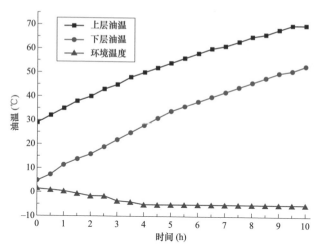

图 4-16　低频加热电源辅助加热时变压器油温及
环境温度随时间的变化曲线

　　在冬季低温条件下，现场安装的换流变压器在热油循环过程中，变压器油温要从环境温度达到下层油温 60℃ 的标准要求值，按现有的现场大型油机容量，需 120h。12 月的环境温度在 -9℃ 下，对极Ⅰ2 台和极Ⅱ2 台高端换流变压器采用短路法进行加热，仅用 12h 即将下层油温加热到 60℃ 的标准要求值，大幅度提高了在寒冷天气下换流变压器油温加热的效率，缩短了换流变压器的安装工期。

　　该低频加热电源在 ±800kV H 换流站共完成 7 台换流变压器的辅助加热，累计节约时间超过 30 天，为直流特高压工程按期顺利投产供电作出了重要贡献，具有显著的社会效益。

参 考 文 献

[1] 乔保振，张世伟，刘翾，等. 移动式真空汽相干燥设备及其应用 [J]. 真空，2013，50（6）：60-67.

[2] 李韵. 油浸式变压器移动式煤油汽相干燥设备的研究 [D]. 保定：华北电力大学（保定），2009.

[3] 阮势伟. 煤油气相真空干燥法原理及工艺改进 [J]. 机电信息，2013（9）：91-92.

［4］GUIDI W W，FULLERTON H P. Mathematical methods for prediction of moisture take-up and removal in large power transformers ［C］. in Proc. IEEE Winter Power Meeting，1974：242－244.

［5］FOSS S D，SAVIO L. Mathematical and experimental analysis of the field drying of power transformer insulation ［J］. IEEE Transactions on Power Delivery，1993，8（4）：1820－1828.

［6］李万全. 变压器绝缘纸板干燥过程微水分检测机理与试验研究 ［D］. 大连：大连理工大学机械制造及其自动化，2005.

［7］张世伟，乔保振，王英武，等. 变压器真空汽相干燥过程的传热质计算 ［J］. 干燥技术与设备，2006，4（3）：145－157.

第 5 章
特高压换流变压器现场带有局部放电
测量的感应电压试验技术

5.1 概　　述

在特高压直流输电工程中，换流变压器是最核心、制造难度最大的主设备之一。带有局部放电测量的感应电压试验（IVPD）用于检测瞬变过电压和连续运行电压作用下换流变压器的可靠性，附加局部放电测量用于探测换流变压器的非贯穿性缺陷。IVPD 下的局部放电测量是换流变压器的质量控制试验，用来验证换流变压器在运行条件下无局部放电，是目前检测换流变压器内部缺陷最有效的手段，是保障换流变压器检修质量和顺利投运的最后关口。

截至目前，我国陆续投运了 20 余条特高压直流输电工程，2019 年更是建成了世界上电压等级最高的±1100kV 昌吉—古泉特高压直流输电工程。通过大量的工程实践，±800kV 特高压换流变压器局部放电试验在国内已较为成熟，其难点主要在于现场抗干扰技术；±1100kV 换流变压器由于采用分层接入的方式，其加压方式的选择、试验设备的研制及抗干扰技术等均是限制其现场开展局部放电试验的重要技术瓶颈。

本章结合国网湖北省电力有限公司电力科学研究院开展±800kV 和±1100kV 换流变压器现场局部放电试验的相关经验及国内外同行取得的最新成果，从试验方法、试验技术、试验装备、现行标准及工程应用等方面，全面介绍了特高压换流变压器现场局部放电试验的新技术和新装备，可为同类试验的开展提供借鉴。

5.2 关　键　技　术

5.2.1 加压方式的选择

1. ±800kV 换流变压器

±800kV 换流变压器局部放电试验一般采用阀侧加压的方式，其中 Yy 换流变压器一般采用单边加压方式，Yd 换流变压器一般采用对称加压方式，特殊情况下也可以采用网侧加压方式。

（1）阀侧单边加压方式。±800kV Yy 换流变压器由于试验电压较低，一般采用单边加压方式，其试验接线方式如图 5 – 1 所示。

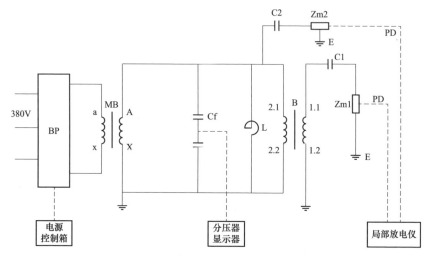

图 5-1　阀侧单边加压局部放电试验接线图

BP—变频电源；MB—中间变压器；L—补偿电抗器；C1—网侧 1.1 套管电容；C2—阀侧 2.1 套管电容；

Cf—电容分压器；Zm1、Zm2—检测阻抗；PD—局部放电测试仪；B—被试换流变压器

（2）阀侧对称加压方式。±800kV Yd 换流变压器由于试验电压较高，为降低试验设备额定电压，一般采用对称加压方式，其试验接线方式如图 5-2 和图 5-3 所示。

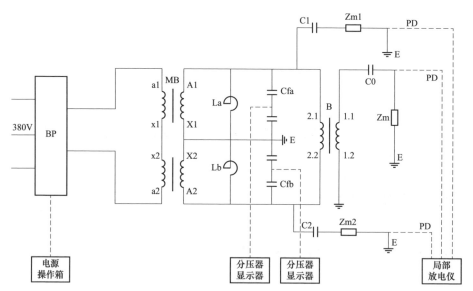

图 5-2　阀侧对称加压局放试验接线图（方式一）

BP—变频电源；MB—中间变压器；La、Lb—补偿电抗器；C0—网侧 1.1 套管电容；C1—阀侧 2.1 套管电容；

C2—阀侧 2.2 套管电容；Cfa、Cfb—电容分压器；Zm、Zm1、Zm2—检测阻抗；

PD—局部放电测试仪；B—被试换流变压器

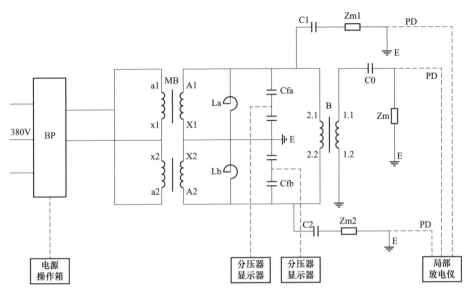

图5-3　阀侧对称加压局部放电试验接线图（方式二）

BP—变频电源；MB—中间变压器；La、Lb—补偿电抗器；C0—网侧1.1套管电容；

C1—阀侧2.1套管电容；C2—阀侧2.2套管电容；Cfa、Cfb—电容分压器；Zm、Zm1、Zm2—检测阻抗；

PD—局部放电试验仪；B—被试换流变压器

（3）网侧加压方式。±800kV巴西美丽山二期直流输电工程是国家电网有限公司在海外独立投资、设计、建设和运营的首个特高压直流输电项目，其在设计上与国内特高压换流站有较大区别：国内一般采用双12脉波换流原理，有24台运行相换流变压器，而美丽山工程采用的是单12脉波换流原理，仅有12台运行相换流变压器，因此其阀侧额定电压较高，尤其是Yd接换流变压器，其阀侧额定电压甚至超过了网侧额定电压。巴西美丽山二期工程换流变压器局部放电试验时各绕组电压见表5-1。因此，我国试验单位在开展该工程换流变压器局部放电试验时，采用的是网侧加压方式。网侧加压局部放电试验接线如图5-4所示。

表5-1　巴西美丽山二期工程换流变压器局部放电试验时各绕组电压

电压（kV）	$1.5U_m/\sqrt{3}$	$1.3U_m/\sqrt{3}$
网侧	476.3	412.8
Yy换流变压器阀侧	302.6	262.3
Yd换流变压器阀侧	524.1	454.3

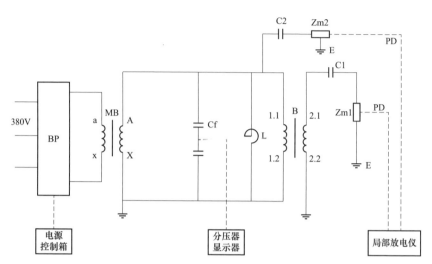

图 5-4 网侧加压局部放电试验接线

BP—变频电源；MB—中间变压器；L—补偿电抗器；C1—阀侧 2.1 套管电容；C2—网侧 1.1 套管电容；

Cf—电容分压器；Zm1、Zm2—检测阻抗；PD—局部放电测试仪；B—被试换流变压器

2. ±1100kV 换流变压器

以 ±1100kV 古泉换流站低端 Yd 换流变压器局部放电试验为例，对各端口电压进行试算：

（1）现场试验时，短时交流感应耐压值取 1.5 倍最高运行电压，1000kV 侧最高运行线电压 $U_m=1100kV$，耐压时电压（相电压 U_1），即网侧高压端 1.1 端口电压 $U_{1-1.1}=U_1=1.5U_m/\sqrt{3}=1.5\times1100\div\sqrt{3}=952.7kV$。

（2）试验挡位为额定挡时，网侧/阀侧变比为额定电压比 $1050/\sqrt{3}kV/228.3kV$，则阀侧应施加电压 $U_{1阀}=952.7\div1050/\sqrt{3}\times228.3=358.2kV$。

（3）若单边加压，阀侧 1 号端口（2.1 端口）电压 $U_{1-2.1}=358.2kV$，2 号端口（2.2 端口）电压 $U_{1-2.2}=0kV$，1.1 端口对 2.2 端口的电压差为 952.7kV。

（4）若双边加压，当补偿电抗匹配合适时，阀侧两端电压完全对称。此时，阀侧 1 号端口电压 $U_{1-2.1}=179.1kV$，2 号端口电压 $U_{1-2.2}=-179.1kV$，其中"$-$"表示该电压相位与无符号电压相位相差 $180°$，1.1 端口对 2.2 端口的电压差为 $952.6-(-179.1)=1131.8（kV）$。

同理可计算得到昌吉—古泉工程使用的 4 种型号的 ±1100kV Yd 换流变压器，在现场交流带有局部放电测量的感应电压试验（测量电压为 1.3 倍 U_m）时，网侧高压侧与阀侧 2 号端口的电压差见表 5-2。

表 5-2   ±1100kV Yd 换流变压器对称加压时端口电压差

换流变压器	网侧电压 (kV)	对应试验环节	1.1 端口对 2.2 端口 电压差 (kV)	网侧耐压水平 (kV)
昌吉站高、低端	750	感应耐压试验时	876.5	900
		局部放电测量时	759.6	
古泉站高端	500	感应耐压试验时	660.9	680
		局部放电测量时	572.8	
古泉站低端	1000	感应耐压试验时	1131.8	1100
		局部放电测量时	980.9	

由此分析可知，对于古泉站低端 Yd 换流变压器局部放电试验，若进行对称加压，则试验电压为 $1.5U_m/\sqrt{3}$ 时，网侧高压侧（1.1 端口）与阀侧 2 号端口（2.2 端口）的电位差超过了网侧绕组交流短时耐压水平。经与换流变压器设计厂家（德国西门子）沟通，确认无法采用对称加压，只能采用单边加压方式。

5.2.2 现场抗干扰技术

现场开展换流变压器局部放电试验时，试验准备、回路搭建的时间均可以控制。但试验过程中一旦出现疑似放电信号，应当充分识别信号是否为干扰信号，并消除干扰信号对真正内部放电信号测量的影响，以确保试验结论有效、正确。因为干扰信号的影响，可能导致单台换流变压器/变压器局部放电试验开展时间超出预期数天，甚至无法开展试验。而由于试验环境复杂、不固定，局部放电试验中出现干扰的可能性非常高。根据国网湖北省电力有限公司电力科学研究院开展上百台次换流变压器局部放电试验的经验统计，试验调试过程中出现干扰，需要排查的台数约占总试验台数的 50%。因此，局部放电试验调试成为试验乃至工程最后竣工阶段最不可控的环节。

对脉冲电流局部放电测试回路和仪器的干扰大致可以分为试验加压造成的干扰和背景噪声干扰。其中，试验加压干扰是随着试验电压的上升，受试验电压、电流作用的影响形成的各类干扰，包括电晕/尖端放电、间隙放电等。由于难以明确区分放电发生在内部还是外部，从而干扰试验结果的判断；也可能由于信号幅值较大，淹没真正的放电信号。背景干扰则是与试验加压无关的干扰，其通过电源、地线、空间耦合等多种途径进入测量系统，是试验回路搭建好后一直存在的干扰信号。其可能导致方波校准信号被淹没，也可能在加压过程中逐渐增长，导致检测的目标放电信号被淹没。根据 GB/T 7354—2018《高电压试验技术　局部放电测量》，背景噪声水平宜低于规定允许局部放电幅值的 50%。能否准确、高效地排查干扰源，是试验条件具备后决定现场局部放电试验开展耗时甚至成败的核心影响因素。

以下首先梳理现场试验中典型的内部放电源、干扰源，并简述其传播途径；其次基于典型信号，分析其在局部放电仪中的表征，提出从局部放电仪初步判断放电信号和干扰信号的方法；最后提出运用多种辅助手段分析现场，综合识别并排查干扰源、确认内部是否存在放电的综合实施方法流程。

5.2.3　典型内部放电源、干扰源及其传播途径

1. 典型内部放电源及其传播途径

新制造完成的变压器和经历过一段时间运行的变压器，内部可能存在多种放电性故障。根据绝缘部位来分，有固体绝缘中空穴、电极尖端、油角间隙、油与绝缘纸板中的油隙、油中沿固体绝缘表面等处的局部放电。

但对于经过严格出厂试验的新变压器，经运输、储存及安装，主要的缺陷来自套管安装、注油等工艺过程。一般来说，可以将范围缩小至气泡放电、空腔放电、油中尖端放电、油中金属间隙放电以及套管中放电等。这里简单介绍几种放电的原因和特征，并介绍内部放电的传播途径，以便后续选择合适的判别方法和辅助检测手段。

（1）气泡放电。气泡放电是现场试验中最常见的一种放电模式。其产生的原因在于注油时真空度不足或静置不充分，注油时油中带有的气泡或溶解气体析出。按照电容分压理论，气泡的相对介电常数低于油或纸的相对介电常数，因此内部承受的场强要高于油纸绝缘。一旦气泡内场强达到气体击穿场强，气泡中将发生放电。气泡放电很容易通过脉冲电流法被测量到，但事实证实，这种发生在油中的内部放电一般很难导致足够量的油分子裂解形成气体，几乎没有被气相色谱法检出的先例。

（2）空腔放电。空腔放电是由于注油工艺严重缺陷导致的较为严重的内部放电。其一般起因在于变压器未完全抽真空，造成部分气体无法排出而形成空腔。气体一般聚集在变压器油箱顶部或套管升高座。该部分是高电位、高场强区域，空腔部位绝缘严重不足，将造成强烈的放电。这种内部缺陷导致的放电能从局部放电仪中清楚地观察到，甚至能透过变压器外壳听到明显的放电声。

（3）油中尖端放电、金属间隙放电。这类放电缺陷通常是由套管安装过程中的严重失误造成的，具体可能的原因包括套管连接部件未妥善连接导致的金属似接非接，均压部件未正确安装导致的局部尖端，以及零件、工具遗失在变压器内部导致的局部悬浮导体或尖端。前两者放电现象十分明显，而悬浮导体产生的放电幅值需根据位置而定，如果落在弱场区，则放电可能较为轻微。

（4）套管主绝缘放电。现场充气的充气式套管如果气压不足、绝缘气体品质不达标，可能造成套管内部绝缘强度下降，并在试验中产生放电。这类放电能够通过脉冲电流法检出，且现象明显。而本体油绝缘由于与放电部位无关，无法从本体油中检查出放电迹象。

2. 典型干扰信号源及其传播途径

（1）表面电晕放电。表面电晕放电分为高电位表面电晕放电和低电位（或地电位）表面电晕放电，前者出现的概率更高。对于高压侧，试验均使用均压环部件来增加高电位体表面的曲率，以降低场强进而避免放电干扰。但这些试验用均压环部件由于反复拆装、长途运输，可能变形、受污，进而导致均压效果下降，形成表面放电。低电位表面电晕放电多发生在现场试验与高压电极距离较近的部件表面，这些部件通常无法拆除或清理，从而造成放电隐患。这两种表面电晕放电的极性效应刚好相反。

表面电晕放电虽然极其普遍，对脉冲电流法局部放电测量影响严重，但它很容易被紫外成像仪捕捉、确认和定位，因此相对比较容易发现，也相对容易处理。

（2）金属间隙放电。由试验加压造成的另一干扰源是金属间隙放电。它是由试验区域的相邻导体构成电容结构，在电场作用下反复充电、打火造成的。金属间隙放电具有如下特点：

1）发生非常普遍，特别是在现场试验这种临时性环境中。例如，加压回路附近堆放的待安装金具、变压器顶部散落的螺栓（螺钉）和垫片、网侧防火墙设备内部或外部未良好接触的部件等，均有可能成为干扰源。

2）可能发生的范围非常广。试验区域内均有可能发生间隙放电并干扰试验，且现场不可能将这些区域全部清理。一旦试验时发生金属间隙放电，大范围内的极微小物件、结构都将成为疑似干扰源。

3）难以定位。除非非常强烈的金属间隙放电，否则用紫外光测量法很少能够直接观察到它们，因此难以准确定位并消除干扰源。

4）对内部放电检测干扰严重。金属间隙放电的相位、幅值和放电图谱特征相似，对试验结果判断影响十分严重，不加注意容易对变压器绝缘状态产生误判。

由于存在上述特点，使得金属间隙放电成为现场试验中最难应对的干扰类型之一。一方面，这类干扰源十分隐蔽，无论是试验前准备工作中排除可能的间隙放电干扰源，还是试验过程中发生间隙放电后排查、确认其为干扰并清除，都需要具有专业经验的人员开展，且需要耗费大量的时间、精力。因此，排查外部金属间隙放电干扰是现场局部放电试验的重点和难点。另一方面，现场实践发现，部分金属间隙放电随着电压的上升会突然消失，一般推测是由于强电场或反复放电作用下金属间隙完全导通（如油漆烧穿）所致。

（3）具有特定频率、频谱的背景干扰。背景干扰通过电源接线、地线以及试验回路构成的天线效应等进入测量回路，在变电站/换流站建设现场或运行的变电站/换流站中普遍存在。由于对象极其不特定，只能从其在频域和时域方面的一些表征进行划分。

具有特定频率、频谱的背景干扰通常与一些稳定运行的整流、电力电子装置有关，大型空调就是这类干扰源的典型代表。对这类干扰进行频谱特性分析，发现其可能具有特定的频率或频率范围，可以通过调整局部放电测量的频段来避开其影响。

（4）具有特定重复率的背景干扰。现场还有一些背景干扰具有稳定的时域重复率，通常重复频率为50Hz。例如，对于运行中的换流站，换流阀工作时，能够形成20ms一周期中相位稳定的6个或12个干扰波形。将局部放电仪同步频率调至50Hz，可以确认这类干扰与试验加压无明确关系，甚至可以利用时域开窗方式将其去除。

（5）杂乱的背景干扰。除上述在频域或时域有稳定特征的背景干扰外，还有相当一部分干扰十分杂乱，没有显著的特征，即白噪声干扰。这类干扰通常表现为使局部放电仪测量基线整体变粗，幅值过大时可能导致放电信号被淹没，甚至无法开展方波校准。

5.2.4 利用局部放电仪判断放电或干扰信号

利用局部放电仪可以实现放电信号时域和频域的分析，进而对内部放电或干扰信号进行识别。

1. 噪声信号的识别

通常在不加压条件下利用局部放电仪就能检测到的信号，即为背景噪声信号。但是，利用局部放电仪检测到的信号中也存在试验电压施加过程中出现的信号。

噪声信号与其他试验电压相关的放电性干扰信号或变压器内部放电干扰信号最大的区别在于，其周期性重复频率通常为50Hz或50Hz的整数倍。将局部放电仪的同步频率调整为内同步50Hz，大部分噪声信号都会在时域谱图上呈现较稳定的波形。

部分噪声信号存在特征频率或频段，而放电信号在脉冲电流法测量的20kHz～1MHz频段内呈现比较均匀的频谱特性。在局部放电仪上截取时域的脉冲波形进行频谱分析，可以识别部分噪声信号。

2. 电晕和尖端信号的识别

随着施加电压的上升，空气中电晕信号刚开始产生时，通常先出现在时域90°和270°的位置，且脉冲宽度很窄。随着电压的上升，每周期内放电次数增加，放电幅值增加。

如果放电是由尖端、毛刺引起的，则放电重复率较小；如果是由均压环部件尺寸整体偏小造成的大范围场强集中，则放电重复率要大很多。

受空气电离特性的影响，空气中的尖端放电或电晕放电具有很强的极性效应，即对高电位电极的电晕或尖端放电，信号最初出现在负极性周期，即270°相位角，但电压上升后90°相位角开始出现放电，通常正极性放电幅值要高于负极性放电幅值；而对低电位电极的放电极性则相反。油中的这类放电极性效应则不十分明显。利用极性效应可以判断出电晕/尖端放电发生在空气中（变压器外部）还是油中（大概率是变压器内部），也可以判断出放电发生在高电位侧还是低电位侧。

3. 空腔放电信号的识别

空腔放电是非常强烈的放电，在局部放电仪上显现为超过测量范围的大幅值放电信号，此时通过试验看护人员的耳朵即可辨识。

4. 间隙放电信号的识别

间隙放电信号在局部放电仪上非常容易识别。这是由于间隙放电可以看作固定电容充电和介质击穿的过程。在试验加压过程中，试验电压建立的空间电场可以在悬浮导体间构成的电容中充电，一旦极板间场强高于介质能够耐受的场强，则发生放电。因此，随着施加电压的上升，间隙放电具有以下时域特征：

（1）放电量不增加。这是由于对于固定的间隙结构，电容量、击穿场强一定，则达到击穿场强时电容积累的电荷一样，间隙放电基本能够做到将这些电荷全部中和释放，因此无论外部电场强度有多高，通过感应而放电的间隙放电量不变。

（2）放电次数增加。这是由于电压升高，空间场强更早达到放电阈值，且在高场强下电容充电更快，电容中一次充放电后迅速达到放电场强从而再次放电，使得单一周期内放电次数增加。

（3）放电可能消失。由于在高场强下反复多次放电，似接未接的间隙可能彻底击穿，最终导致放电消失。

间隙放电的放电量大小跟以下因素有关：一是间隙所在区域的电场强度，强场区比弱场区更易发生放电；二是间隙距离的影响，构成间隙的导体尺寸越大，间隙距离越小，越容易发生放电。但从理想平板电容模型来说，放电量与间距无关，而仅与介质强度、极板面积和相对介电常数的大小有关。

通过上述局部放电仪中观测到的显著特征，可以直接判定是否发生间隙放电，但判断间隙放电发生在空气中（变压器外部）还是油隙中（变压器内部）则缺乏有效方法。

5. 多通道同步测量初步定位法

对换流变压器进行网侧和阀侧套管的同步测量，能够通过对比信号的大小，初步定位放电发生的大致区域。

该方法的原理在于不同位置的放电，产生的信号经电容耦合和传递衰减，到达不同测量点的幅值不同。首先需要记录分别从网侧和阀侧注入方波校准信号时，从网侧和阀侧套管采集到的信号的比值，即信号传递比。

当测量系统采集到放电或干扰信号后，如果网侧的信号强度更高，则一般认为放电或干扰发生在网侧。如果两侧信号比恰好等于网侧到阀侧的信号传递比，则一般认为放电或干扰发生在网侧套管部位。如果两侧信号比大于信号传递比，一般认为放电或干扰发生在网侧外部区域。若两侧信号比小于信号传递比，对于网侧和阀侧外部被阀厅墙面隔离的换流变压器，主要可能发生在内部靠近网侧处；对于网侧和阀侧外部未完全隔离的备用相换流变压器或未封堵的换流变压器，仍有可能发生在外部靠近网侧处。如果阀侧信号强度更高则反之。

5.2.5　利用辅助手段判断放电或干扰信号

1. 紫外成像法判断空间电晕干扰

当发现有疑似电晕、尖端放电的脉冲电流放电信号后，可使用紫外成像法对空间电晕干扰的可能性进行排查和定位。

利用紫外成像法前，应当利用局部放电仪初步判断尖端发生在网侧还是阀侧，是否具有明显的极性效应并根据极性效应判断电晕或尖端放电发生在高电位还是低电位。一旦上述信息确定，则可以利用紫外成像仪在怀疑区域进行扫视，扫视时须注意变化观察角度，覆盖被观察区域各面。

如果放电发生在网侧高电位侧，则主要扫视网侧套管顶端均压环；如果放电发生在阀侧高电位侧，则需要扫视阀侧套管顶部均压环、试验设备顶部均压环及连接线。如果放电发生在网侧低电位侧，则着重关注两侧防火墙上方设备；如果放电发生在阀侧低电位侧，则应优先检查未拆除的立柱顶端、强场区地面等。

定位电晕点后，应降压进行处理。

利用紫外成像法有以下局限：一是户外使用时受太阳光紫外线的影响严重，必要时需要在晚间测量；二是紫外成像仪对一些低电位的电晕或尖端放电不敏感；三是受现场可巡视通道的影响，可能存在检查死角。

2. 基于电线阵列的空间放电检测定位系统

基于相控阵列技术的局部放电空间定位技术可通过检测局部放电所产生的电磁波进行放电定位。放电产生的电磁扰动随时间变化产生的电磁波遵循麦克斯韦的电磁场基本方程，因此可以用天线来接收局部放电产生的高频电磁波以确定局部放电源的位置。高频电磁波在空气介质中的传播速度一定，局部放电源和检测点的位置确定时，局部放电产生的电磁波信号从局部放电源到检测点的传播时间也是确定的，因此可以用多个接收天线组成天线阵列，根据各个天线接收到局部放电信号的相对时刻和空间几何关系计算出局部放电源的位置。在实践中，可通过 4 个电磁波接收天线分别接收空间中放电传来的电磁波，通过高精度同步时钟触发，并由系统识别信号时刻，计算出放电源的三维方向，进而辅助干扰放电点的排查。

3. 铁心夹件接地电流高频检测法

可以利用高频局部放电检测装置抽取铁心夹件接地电流中的高频信号进行辅助判断。铁心夹件接地电流高频检测法对一些变压器内部放电更为敏感，且基本不受外部干扰性放电的影响。但是，在交接试验现场，由于现场环境复杂，使用高频检测法时往往背景噪声过大，导致测量难以开展。因此，铁心夹件接地电流高频检测法虽然在变压器厂内试验时广泛应用，但在现场试验中推广较少。

4. 超声检测法

超声检测法是指利用放电产生的声波信号进行局部放电判断。受变压器中声波传递阻尼较空气中更大的影响，一个超声探头能够覆盖的变压器内部区域非常有限。这就导致：一是尽可能多地覆盖变压器表面的话，对于大型换流变压器来说所需探头数量过多；二是即使采用了大量的测量资源，装设足够的超声探头，仍对变压器内部深处的放电缺乏足够的检测灵敏度。因此，超声检测法仅能作为辅助判断方法。

超声检测法的使用逻辑为：首先必须判定变压器存在或疑似存在内部放电，然后在疑似放电位置装设尽可能多的超声探头，辅助确认和定位放电源。

5. 油色谱判断法

试验过程中如果发现疑似放电信号，无法判别发生在变压器内部还是变压器外部时，油色谱分析可以成为决定性证据。如果局部放电试验后油色谱分析出现问题，则可以完全肯定变压器内部存在放电性故障。

油色谱判断法存在两个问题：一是不能在试验加压期间得出有效结论，往往需要等待至少一天才能出具检测结果，必要时可能需要再次开展局部放电试验，费时费力；二是如果油色谱没显示出问题，也不能判定没有故障。通常当局部放电测量中认为无内部局部放电信号，再加上油色谱分析正常，两项测试均合格后才能判断局部放电试验通过。

5.2.6 现场多维抗干扰和干扰识别排查技术

局部放电试验的成败取决于现场试验环境，然而现场环境与专业的局部放电试验室标准差距过大。如果不清理试验环境，试验中发生外部干扰的情况几乎是必然的，后续将花费巨大的精力进行干扰排查和清理。但现场也不可能一次性完成试验准备，这将耗费大量精力；而且每次试验都需要彻底清理一次试验环境，这在施工现场无法实现，效率过低。

因此，必须通过合理的准备阶段的综合抗干扰措施，以及试验阶段的干扰排查和抑制技术来共同支撑现场局部放电试验的成功、高效开展。

1. 准备阶段的综合抗干扰措施

根据现场试验经验，采用多维度的综合抗干扰措施能够保障试验按要求进行。综合抗干扰措施包括：

（1）试验采用截面面积大于 $10mm^2$、绝缘线外套 $\phi300$ 的金属软管作为与被试变压器阀侧、试验变压器高压侧、补偿电抗器等的连接导线，确保高压引线防晕。

（2）中间试验变压器、电抗器以及分压器可靠连接，确保没有任何悬浮电位，杜绝试验设备发生悬浮放电干扰。

（3）试验场地周围的所有金属物件可靠接地，防止其悬浮放电。

（4）确保接地引线牢固连接，采用绝缘地线且一定要单点接地，不形成环形回路，接地线不缠绕，尤其要注意高电位低场强区的地线布置。

（5）选择合适的均压环，保证其在试验电压下无电晕；均压罩与套管将军帽紧密固定，并通过铜线将均压罩与套管将军帽上接线排连接起来，保证两者在同一电位，防止该处可能发生的悬浮放电。

（6）尽量缩短局部放电测量阻抗的信号传输线的布置长度，测量阻抗就近接地，减小空间干扰对测量阻抗的影响，尽可能缩小试验回路，降低空间干扰的影响。

（7）应选择容量大、抗饱和能力强、灵敏度高的检测阻抗，防止因阻抗饱和而影响局部放电测量。

2. 试验阶段的干扰排查和抑制技术

现场局部放电试验过程中，一旦发现局部放电仪中出现疑似放电信号或影响局部放电测量的疑似干扰信号，都应进行干扰排查和定位。对超过 100 台次大型换流变压器现场局部放电试验进行分析梳理，得到了一套结合现场经验的干扰排查方法。

对加压时的各种现象和辅助检测结果进行综合分析，可以确定排查的方向，随后按照发生概率由大到小的顺序进行排查，可最大化试验效率。这里以试验过程中观察到的现象为线索，梳理各阶段的干扰排查技术方法，并根据干扰源采取相应的抑制技术，如图 5-5 所示。

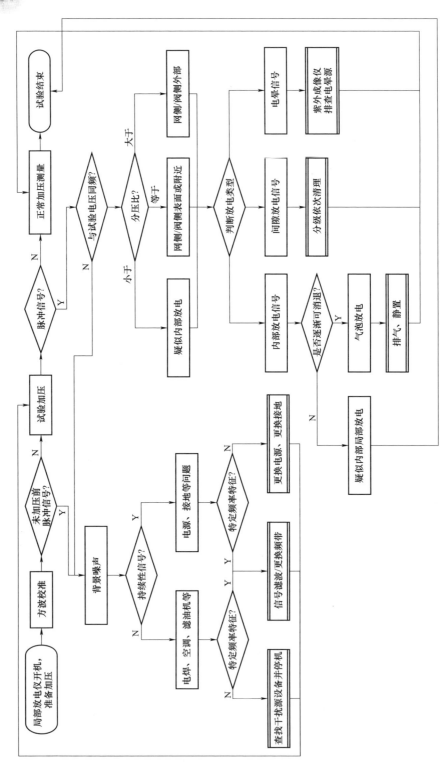

图 5−5 现场局部放电试验阶段干扰排查和抑制策略

具体流程如下：

（1）背景噪声信号的排查和抑制。局部放电试验时的背景噪声是不可避免的，背景噪声幅值只需不大于考核局部放电量的1/2，即可保证试验的正常进行。连接好试验回路和测量回路后，开启局部放电仪并进行测量，即可看见背景噪声信号。也可能出现加压前无背景噪声、加压过程中出现背景噪声的情况。这种情况下一般将局部放电仪的同步调整至50Hz内同步，如果出现稳定相位的干扰信号，则可以判定为干扰信号。

背景噪声信号排查和抑制的重点和难点如下：

1）如果进行500pC方波校准时背景噪声过大，方波信号不明显，应当首先排查测量回路，确保阻抗、信号传输线、适配器和检测端口正常。现场背景噪声偏大时，有较大可能是由测量回路不正常导致的信噪比偏小造成的。

2）如果信号具有显著的频率特征，可以通过调整局部放电仪测量频率使信噪比明显提升，将噪声幅值控制在要求以下，则优先采取该方法，从而节省大量排查干扰源和工作协调的时间。但使用该方法时必须注意：一是按照标准要求，测量带宽应超过100kHz；二是调整带宽后应重新进行方波校正。

3）如果信号是间歇性的，且无法通过更换频率的方法消除，则应排查站内用电设备对电源或接地系统的干扰。结合不同时段的噪声水平和站内相关设备的运行情况，可以帮助排查干扰源。确认后，协调关闭干扰设备或避开干扰设备开启时段进行试验。

4）如果信号是持续性的，且无法通过更换频率的方法消除，应考虑更换接地点或电源。利用一般来说，相对独立的电源能够获取更好的噪声水平。利用应急发电车的发电机供电，能够满足试验的噪声水平要求。但应注意，一般单台发电车的功率约为500kW，需要评估是否能够达到大型换流变压器现场试验功率要求。地网干扰更难排除，尽可能地将试验设备的接地线连接到一处，能够抑制相当一部分地线干扰。

现场试验中，还有一类常见现象，即采取上述全部手段，部分背景噪声的干扰也无法抑制或消除。如果是以下情况，可以考虑试验继续进行：背景噪声重复率为稳定的50Hz，且波形宽度较窄。若在试验电压及试验频率下，背景噪声呈现为旋转波形，则对这部分波形进行开窗处理，读取剩下相位的波形幅值，作为局部放电测量值。

（2）升压过程中干扰信号的排查和抑制。升压过程中出现的脉冲信号，除上述可判断为噪声的信号外，在试验电压频率下相位稳定、宽频谱的信号全部为疑似放电信号。疑似放电信号即使幅值小于检测要求，也应当进行具体分析。

升压过程中干扰信号排查和抑制的重点和难点如下：

1）充分利用局部放电仪的相位分析，前提是局部放电仪 0° 相位标定准确。对于采用单相升压变压器、并联补偿电抗器的试验回路，高压相位与电源柜出线电压的相位是一致的，采用电源柜或试验变压器同步端子的同步信号一般都可以使局部放电仪的 0° 相位与实际试验电压的 0° 或 180° 相位对齐。还可以通过在试验回路的高压端预制尖端（如铁丝）的方法进行仪器相位校准。

2）对判定为电晕或尖端放电的疑似干扰源，如果干扰源在外部，一般可以通过紫外成像仪进行辅助判别和确认。确认后停电，通过打磨表面、去除尖端、增加表面均压措施等方法抑制电晕或尖端放电。

3）对判定为间隙放电的疑似干扰源，一般难以通过紫外成像仪观测到外部干扰源。利用天线阵列进行定位虽然可以起到辅助作用，但该方法装置尚不成熟，现场应用较少。比较实用的方法是，按照电场较强区域向电场较弱区域的顺序，逐步进行疑似干扰源清理和短接接地。值得一提的是，实践发现，防火墙上安装的避雷器位于强场区域，其可能在试验电场下发生内部放电，进而影响试验。这种现象并非每次都会发生，其原理有待进一步研究确认。由于涉及范围广，且缺乏有力的辅助手段，这也是现场试验中最麻烦的一个步骤。

4）现场交接试验中发现的实际内部放电情况较少，其中很大一部分是绝缘油中的气泡放电。气泡放电并不稳定，可能加压一段时间后会自行减弱消失，也可能静置一段时间后自行消失。消失后进行试验，如一切正常，视作试验通过。如果持续有内部放电信号，应停止试验，进行进一步分析后再确定下一步工作。

5.3 试 验 装 备

对于 ±800kV 换流变压器而言，其试验设备较为成熟，难度也较小；但对于 ±1100kV 换流变压器而言，国内仅国网湖北省电力有限公司电力科学研究院、国网新疆电力有限公司电力科学研究院等单位开展过换流变压器现场交接局部放电试验，其试验变压器的研制较为困难，是开展 ±1100kV 换流变压器现场局部放电试验的重要技术瓶颈。

5.3.1 试验变压器研制

±1100kV 换流变压器由于采用单边加压方式，试验变压器要求能够升压至380kV 且无局部放电，容量保守估计需 600kVA。对一般变压器来说，仅需要增大绕组、铁心和绝缘的尺寸即可实现参数要求。采用高压试验变压器常见的本体罐加出线套管的形式，变压器整体高度将超过 4m，装备质量将超过 5t。

但对现场使用的试验变压器，其体积和装备质量受运输条件和现场器械条件的限制严重。一是现场试验设备需要频繁往返设备存放地和不同试验场地，一般使用平板货车运输，考虑道路交通法规的要求，设备高度不能超过 3m；二是换流变压器局部放电试验在阀侧施加电压，试验设备在阀厅内移动、落位、展开和接线需要器械支持，而受换流阀对环境清洁度有要求的限制，阀厅内仅能使用电动叉车、电动升降车和电动起重滑轮等装备。其中，通常规格的电动叉车极限起重质量为 5t，采用电动叉车转运设备时，要考虑设备体积效应和安全裕度，设备质量不能超过 4t。因此，在该电压和功率需求等级下，性能参数的需求和现场使用可行性、便捷性的限制构成了不可调和的矛盾。对此，应优先考虑突破现有试验变压器形式，研究适合分层换流变压器现场局部放电试验用的新型试验变压器。

此外，对于其他试验设备，应根据现场试验需求进行优化设计，将切实有效地提高试验效率。根据试验人员的经验总结，能够进一步提升试验技术。

1. 参数要求

对于±1100kV 换流变压器现场局部放电试验用升压变压器而言，其难点在于设计并校核确认变压器的基本形制、绝缘类型以及辅助装置，以满足现场试验运输、装卸转运的限制要求。

为适应试验要求，升压变压器的性能参数要求见表 5−3。

表 5−3　　　　　　　　升压变压器的性能参数要求

序号	参数名称	要求参数值
1	额定容量	800kVA
2	额定频率	100Hz
3	高压侧额定电压	380kV
4	高压侧额定电流	1.58A
5	相数	单相

在满足以上参数要求的前提下，现场试验还对设备提出了下述限制条件：

（1）现场试验设备常规运输采用 30t 半挂平板货车，运输平板高度约 1m，按照我国高速公路法律法规要求，总运输高度不超过 4.2m，因此设备运输高度不超过 3.2m。

（2）在试验现场，由于试验要求在换流变压器安装到位后，阀侧套管端部位于阀厅内，因此试验回路中的大部分试验设备置于阀厅内。变压器安装完毕后，阀厅内换流阀一般已开始安装或安装完毕，为控制阀厅内洁净，此时不允许燃油车辆、器械进入阀厅内。常用的搬运工具为电动叉车，起重质量不超过 4t。

2. 解决方案研究

（1）绝缘介质。目前，对于我国使用的无局部放电试验变压器，绝缘介质一般采用油纸绝缘或六氟化硫（SF_6）气体绝缘。为达到指定的额定电流和额定容量，经核算，试验变压器的铁心质量和绕组质量基本可以确定，约为 3t；如采用 SF_6 气体绝缘，连同套管、外壳质量接近 5t；如果采用油纸绝缘，总质量将超过 8t。

在变压器移动方式上进行创新性设计，使变压器无须用到器械起重即可在阀厅内移动，可以突破 4t 的质量限制。但即使如此，如果设备过重，仍将在设备运输、装卸和现场转运环节，特别是转运进入阀厅环节带来极大不便。为提高使用的便利性，考虑使用 SF_6 气体绝缘。

（2）外绝缘形式。试验变压器的外绝缘形式主要有绝缘筒式和套管出线式。

绝缘筒式整体性较好，采用环氧筒式的一体式外绝缘结构能够使整个外壳均承受一定电场，从而使得设备高度能够得到控制。但在实际试制时，绝缘筒高度应控制在运输要求的 3.2m，绝缘筒能够承受交流 380kV 以上电压，但内部存在绕组，绕组自身具有接近 2m 的高度，且顶部为高电位，这将极大增加绝缘筒外绝缘上的部分场强。实测 300kV 以上时，绝缘筒表面将出现明显的沿面放电，无法达到设计要求。如果继续增加绝缘筒高度，环氧强度将难以保障。

为此，可考虑外绝缘采用传统的铁壳变压器身加绝缘套管出线式结构，占设备/装备质量主体的铁心、绕组和绝缘置于铁壳内，以保证器身的强度。套管出线可采用伞裙结构，以大幅度增加外绝缘强度。但出线须有电容屏均压措施，因此整体高度会超过 4m。

（3）辅助装置。根据上述分析，该试验变压器总体质量超过 5t，高度超过

4m，已无法满足运输和现场装卸的常规要求。因此，必须考虑为其配置辅助装置。

第一，变压器整体高度超过 4m，无法直立运输。为此，专门为该变压器设计了一套液压举升装置。具体做法是：使变压器通过重心处的可转动轴安装在一个钢构支架上，并在支架上设置液压伸缩臂，使变压器在支架上实现 90°翻转。即运输时套管与地面水平，变压器呈"躺倒"状；试验时通过液压臂举升，套管与地面垂直，变压器呈"直立"状。

第二，该平台无法通过电动叉车举升实现试验场地转移。为此，为该平台加装移动轮。考虑到设备移动时现场的各种路面状况，如进入阀厅时，需要经过坡度约为 15°的坡面，最终采用直径超过 40cm 的工业用车轮结构。

3. 设计方案研究

根据上述解决方案，设计的阀厅内使用的高电压、大容量无局部放电试验变压器平台如图 5-6 所示。

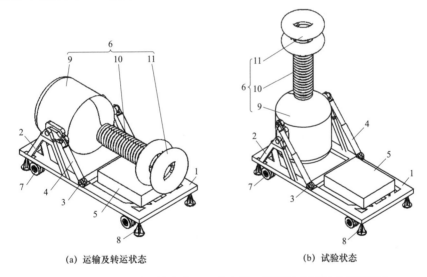

(a) 运输及转运状态　　　　　　　　　(b) 试验状态

图 5-6　阀厅内使用的高电压、大容量无局部放电试验变压器平台

1—平台底盘；2—变压器支座；3—液压缸固定支座；4—液压缸；5—液压站；
6—试验变压器；7—轮子；8—底盘固定装置；9—变压器罐体；10—套管；11—均压环

平台底盘采用钢支架结构，变压器罐体下方悬空，可减小平台底盘质量，并在降低试验变压器固定高度的同时，保证试验变压器在平卧、直立及两状态转换过程中不与底盘摩擦、碰撞。除保证试验变压器平台正常通过轮子或底盘固定装置落于地面时，平台底盘能够承受所需的静态载荷外，在平台底盘与轮子连接处、平台底盘与其固定装置连接处、平台底盘两宽度侧等处，通过增加钢结构尺寸、加强筋措施增大了强度，使得工程车辆（如叉车）从平台底盘某一宽度侧抬升试验变压器平台（抬升高度不大于 20cm），另一侧由轮子、固定支架支撑时，平台底盘能够承受所需的载荷。两宽度侧沿平台纵向中轴线对称焊接两个连接环，连接环对地高度约 50cm，与阀厅内使用的一般工程用电动叉车尾部拉扣近似等高。

试验变压器包括变压器主罐体、接线柱、套管和均压环。主罐体采用不锈钢外壳，内部装有铁心、一次绕组、二次绕组和测量绕组，绕组出线均压和绝缘结构采用 SF_6 作为主绝缘。接线柱含一次绕组接线柱、二次绕组接线柱、测量套组接线柱、外壳和铁心接地接线柱。套管在首尾两端分别带有一个金属法兰，中间部分外带硅橡胶伞裙，内置电容均压心子，主绝缘采用 SF_6 气体绝缘。均压环为铝合金制双层圆环结构，满足 380kV 下无电晕；均压环可拆装，在平台运输和移动时拆下，与平台分开运输。

该试验变压器平台借助阀厅内使用的一般工程用电动叉车，能够实现轮子支撑平台的小范围移动状态和底盘固定装置支撑平台的固定状态（长途运输时或试验时）的相互转换。

该方法的优势是，满足试验及运输时试验变压器的稳固性需求，同时无须使用叉车整体抬升平台移动方式。阀厅内允许使用的一般工程用电动叉车起重质量为 4t（标称起重质量为 5t，考虑安全裕度及重心相对于叉齿的位置，实际起重质量不超过 4t），考虑小范围移动状态和固定状态转换时叉车的起重能力，试验变压器平台质量限制为 7t，远超过使用叉车抬升平台移动方法时平台质量不能超过 4t 的限制。

试验变压器平台能够通过以下方法，在换流阀厅内利用阀厅允许使用的一般工程用叉车实现小范围移动并出入阀厅：首先调整试验变压器平台至底部轮子支撑平台的小范围移动状态，然后通过拉索将换流阀厅内可使用的一般工程用叉车和平台底盘宽度侧焊接的连接环连接，利用叉车拉动试验变压器平台移动。

5.3.2　其他设备优化

1. 补偿电抗器

（1）补偿电抗器作用和工作方式。在换流变压器现场局部放电试验中，补偿电抗器被并联至加压回路高压侧，以补偿被试变压器绕组之间以及绕组对铁心、外壳等的电容电流。由于补偿电抗器的存在，使得试验变压器和电源容量大幅度降低。推挽功率放大式无局部放电变频电源可提供的无功能量有限，补偿电抗器能大大提升电源运行的可靠性。

现场试验中，考虑设备的可靠性，一般采用电感值不可调的固定绕组补偿电抗器。通过变频电源由低至高地调整施加电压的频率，可以使试验变压器的输出呈现偏容性、纯阻性和偏感性状态。为尽量降低无功功率，同时提高加压的稳定性，防止容升效应，试验工作频率一般选取输出刚好在纯阻性或略偏感性的位置。

综合考虑被试变压器铁心饱和区间、变频电源工作频率范围、试验有功功率控制以及试验等效性，试验频率一般取 $100\sim300$Hz，以 $150\sim250$Hz 最为理想。补偿电抗器电感值的选取目标，是与试验加压回路电容，主要是被试变压器出口电容配合，使得试验电压频率在 $150\sim250$Hz 时，加压回路无功容量能够被充分补偿。

（2）补偿电抗器的设计参数。补偿电抗器的设计参数见表 5-4。

表 5-4　　　　　　　　　　　补偿电抗器的设计参数

序号	名称	单位	标准参数值
补偿电抗器 1			
1	额定容量	kvar	3800
2	工作频率	Hz	$100\sim300$
3	额定电压	kV	380
4	额定电流	A	10
5	额定电感量	H	60，带 50H 抽头，抽头额定电压为 380kV
补偿电抗器 2			
1	额定容量	kvar	4940
2	工作频率	Hz	$100\sim300$
3	额定电压	kV	380
4	额定电流	A	13
5	额定电感量	H	50，带 40H 抽头，抽头额定电压为 380kV
补偿电抗器 3			
1	额定容量	kvar	3300
2	工作频率	Hz	$100\sim300$
3	额定电压	kV	220
4	额定电流	A	15
5	额定电感量	H	25，带 20H 抽头，抽头额定电压为 220kV

序号	名称	单位	标准参数值
			补偿电抗器 4
1	额定容量	kvar	3300
2	工作频率	Hz	100～300
3	额定电压	kV	220
4	额定电流	A	15
5	额定电感量	H	30，带 25H 抽头，抽头额定电压为 220kV

（3）补偿电抗器的结构及使用要点。为尽可能减小设备高度、体积和装备质量，补偿电抗器采用环氧绝缘筒结构，为空心电抗器。补偿电抗器上部两抽头中的任一抽头都能达到耐压要求。底部设置木条底座，配合叉车运输。顶部选用具有断口的均压环。

补偿电抗器使用时应特别注意：

1）空心电抗器附近漏磁严重，局部放电测量线、分压器电压测量线应绕开电抗器布线。

2）使用时，两电抗抽头只能连接一个，另一个必须悬空；特别是使用下抽头（较低电抗抽头）时，上抽头应当与均压环保持分离。这是因为上、下抽头间存在电位差，即使只有下抽头接入电路，上部绕组仍会在绕组中感应出更高电压。

3）接线时应特别小心均压环断口间绝缘，注意断口不被连接线、均压线短接。这是因为电抗器漏磁严重，均压环短接将造成涡流，造成局部过热甚至起火。

最后，制得的补偿电抗器如图 5－7 所示。

(a) 380kV 电抗器　　　　　　　(b) 220kV 电抗器

图 5－7　补偿电抗器

2. 分压器

（1）对分压器的参数需求。分压器用于测量试验中施加的电压，根据被测对象可知分压器的基本性能要求：测量电压类型为交流电压；电压幅值范围为 0～400kV（有效值）；频率范围为 30～300Hz。

另外，局部放电试验要求试验设备在一定裕度范围内不能产生局部放电，因此提出了 1.1 倍额定电压下局部放电量不超过 10pC 的要求。

由于绝缘水平的要求，带有顶部均压环的 400kV 分压器一般高度都大于 2m，如果采用单级结构，对于运输、现场安装均压环都比较困难，因此一般考虑分节结构。考虑现场开展多种其他试验时也需要分压器，其中±1100kV Y 接换流变压器局部放电试验最高电压约为 220kV，按照单台设备能够尽量适应更多试验需求，多台设备可互相备份，以降低现场试验设备问题风险的要求，该分压器不采用一般的 200kV＋200kV 组合方式，而采用 250kV＋150kV 的组合方式，且每一级都能单独使用。为实现设备测量的准确性，需采用外置二次电容。进一步地，设计分压比：两节 400kV，4000:1；单节 250kV，2500:1；单节 150kV，1500:1，这样可提高表头和二次电容的通用性。

分压器设计参数见表 5－5。

表 5－5　　　　　　　　　　分 压 器 设 计 参 数

序号	名称	标准参数值
1	额定电压	400kV（分两节：250kV＋150kV）
2	额定总电容量	200～300pF
3	工作频率	30～300Hz
4	绝缘水平	1.2 倍额定电压/1min
5	结构	环氧筒外壳，两节及低压臂选用温度系数、频率系数相同的材料
6	系统测量精度	1 级
7	分压比	两节 400kV，4000:1 单节 250kV，2500:1 单节 150kV，1500:1
8	局部放电量	1.1 倍额定电压下≤10pC

（2）现场应用优化。400kV 分压器分两节拼接而成，总高度接近 3m，且上节须安装 400kV 均压环。该分压器需要两节直立后在阀厅内组装起来，为此专

图 5-8　400kV 两节式无局部放电分压器

门对分压器结构进行了优化。优化项目如下：

1）在上节分压器的环氧外筒中部沿圆周方向加工出三道加强筋，并设计出抱箍横担金具，安装时将抱箍横担金具安装在上节分压器器身上，则可利用叉车方便地抬升上节分压器。

2）上、下节分压器分别设置为 250kV、150kV，使得上、下节连接处在大约 1m 高处，方便人工安装操作。

按照该设计制得的 400kV 两节式无局部放电分压器如图 5-8 所示。

5.4 标 准 解 读

5.4.1 关于GB/T 1094.3新旧标准采标情况的分析

GB/T 18494.2—2022《变流变压器　第 2 部分：高压直流输电用换流变压器》规定换流变压器应按照 GB/T 1094.3—2017《电力变压器　第 3 部分：绝缘水平、绝缘试验和外绝缘空气间隙》进行带有局部放电测量的感应电压试验。2018 年 7 月 1 日起，GB/T 1094.3—2017 正式实施，替代 GB/T 1094.3—2003《电力变压器　第 3 部分：绝缘水平、绝缘试验和外绝缘空气间隙》。GB/T 1094.3—2017 对变压器带有局部放电测量的感应电压试验提出了新的要求，与 GB/T 1094.3—2003 相比有明显变化。主要变化如下：

（1）试验名称。感应电压试验所包含的 2 项试验的名称由“短时感应耐压试验（ACSD）”和“长时感应电压试验（ACLD）”改为“感应耐压试验（IVW）”和“带有局部放电测量的感应电压试验（IVPD）”。

GB/T 1094.3—2017 中的名称，取消了“短时”和“长时”二词，突出前者是耐压试验，后者是感应电压试验；明确了带有局部放电测量时，如果不发生击穿或产生持续较大的局部放电信号，试验为非破坏性试验；英文缩写与该国家标准对应的国际标准 IEC 60076-3：2013 一致。

（2）试验电压。试验电压参考基值由系统最高运行电压 U_m 变为设备额定电压 U_N，相应的试验电压倍数也有所改变。以网侧标称电压为500kV（U_m 为550kV，U_N 取 530kV）的换流变压器出厂试验为例，按照 GB/T 1094.3—2003 和 GB/T 1094.3—2017，分别在网侧应施加的电压见表 5−6（分接开关置于 N 挡）。

表 5−6　　GB/T 1094.3—2003 和 GB/T 1094.3—2017 中
感应电压试验施加电压差异

GB/T 1094.3	2003 版本	2017 版本
增强电压	$1.7U_m/\sqrt{3}$	$1.8U_N/\sqrt{3}$
	540kV	550kV
局部放电测量电压	$1.5U_m/\sqrt{3}$	$1.58U_N/\sqrt{3}$
	476kV	483kV

GB/T 1094.3—2017 采用设备额定电压为参考值来考核设备的绝缘性能，对于设备本身来说更为合理。实际操作时，使用方根据系统最高电压，在采购环节对设备提出相应额定电压等基准值要求，使得标准的适用性更为灵活，且不失严格操作性。

（3）局部放电量要求。GB/T 1094.3—2017 将背景噪声控制值要求由 100pC 提高至 50pC，局部放电测量电压下的局部放电量要求由"连续水平不高于 500pC"提高至"没有超过 250pC 的局部放电量记录"，同时将 GB/T 1094.3—2003 中的"局部放电不呈现持续增长的趋势"进一步明确为"在 1h 局部放电测量试验期间，局部放电水平无上升的趋势；在最后 20min 局部放电水平无突然持续增加"和"在 1h 局部放电试验期间，局部放电水平的增加量不超过 50pC"。这在一方面提高了变压器的绝缘要求，另一方面增加了局部放电试验的难度。

GB/T 1094.3—2017 自 2018 年 7 月 1 日起实施，换流变压器出厂试验已参照其开展。现场局部放电试验所依据的交接试验、预防性试验等标准的修订存在滞后，随着标准的陆续修订，换流变压器现场局部放电试验将会参照 GB/T 1094.3—2017 开展。

5.4.2　特高压换流变压器局部放电试验标准要求分析

（1）特高压换流变压器现场局部放电试验现行标准。按照各级标准中优先参照国家电网有限公司企业标准，其次行业标准，再次国家标准，以及专用标准和通用标准中优先参照专用标准的原则，特高压换流变压器的现场局部放电试验采用表 5-7 列举的标准作为试验依据。

表 5-7 特高压换流变压器现场局部放电试验标准

序号	标准号	标准名称	备注
1	GB/T 1094.1—2013	电力变压器 第 1 部分：总则	产品通用类标准
2	GB/T 1094.3—2017	电力变压器 第 3 部分：绝缘水平、绝缘试验和外绝缘空气间隙	
3	GB/T 18494.2—2022	变流变压器 第 2 部分：高压直流输电用换流变压器	
4	GB/T 7354—2018	高电压试验技术 局部放电测量	局部放电测量通用类标准
5	DL/T 417—2019	电力设备局部放电现场测量导则	
6	Q/GDW 1275—2015	±800kV 直流系统电气设备交接试验	±800kV 换流变压器专用标准
7	DL/T 274—2012	±800kV 高压直流设备交接试验	
8	DL/T 273—2012	±800kV 特高压直流设备预防性试验规程	
9	Q/GDW 11218—2018	±1100kV 换流变压器交流局部放电现场试验导则	±1100kV 换流变压器专用标准
10	Q/GDW 11743—2017	±1100kV 特高压直流设备交接试验	
11	Q/GDW 11933—2018	±1100kV 换流站直流设备预防性试验规程	

（2）±800kV 换流变压器与±1100kV 换流变压器现场局部放电试验标准的差异。±800kV 换流变压器现场局部放电试验主要依据 DL/T 274—2012 和 Q/GDW 1275—2015 开展；±1100kV 换流变压器现场局部放电试验主要依据 Q/GDW 11218—2018 和 Q/GDW 11743—2017 开展。

±800kV 换流变压器和±1100kV 换流变压器现场局部放电试验在试验流程上一致，但在试验合格标准及加压方式上具有如下差异：

1）提高了局部放电测量时网侧局部放电量的限制要求，由不高于 300pC 的要求提高至不高于 100pC。

2）增加了阀侧局部放电量的测量，并要求在局部放电测量电压下，阀侧局部放电量连续水平不超过 300pC。

3）对 Yd 换流变压器的加压方式，由原来的推荐采用双边加压方式，改为推荐采用与制造厂出厂试验方式一致的加压方式。

一方面，随着变压器现场局部放电试验技术的不断提升，尤其是大功率无局部放电变频电源、集中参数电抗器、新型局部放电测量仪器的运用，以及干扰检测、阻断、排查经验的积累和技术的提升，使得如今在现场局部放电试验测量中，背景干扰和加压过程中的干扰得到了有效抑制，现场实测水平能够接近出厂试验水平。例如，国网湖北省电力有限公司电力科学研究院开展的±800kV 锡盟和±800kV 武汉换流站换流变压器现场试验中，实测局部放电量均在 100pC 以下。另一方面，随着标准、用户要求和制造工艺的提高，变压器本身也具有更好的绝缘性能。因此，现场局部放电试验的要求能够进一步提高至出厂试验要求。国家电网有限公司±1100kV 昌吉—古泉特高压直流输电工程是目前世界电压等级最高、输送容量最大、输送距离最长的直流输电工程，其本身的安全、稳定运行要求极高，同时具有全球示范作用。因此，在综合考虑变压器质量和现场试验能力的情况下，Q/GDW 11743—2017 采用 100pC 作为网侧局部放电量控制要求。

阀侧局部放电量的监测和控制是 Q/GDW 11743—2017 新提出的要求。虽然阀侧绕组为了能承受实际运行时的交、直流叠加电压，其绝缘水平高于感应耐压及局部放电测量试验的考核水平，该试验不具有考核阀侧交流水平的意义，但对于安装中可能出现的一些问题，如连接不牢固、出线损坏甚至异物进入等问题，局部放电试验仍是现行交接试验项目中最有效的检测手段。对阀侧监测其局部放电，仍有考核其安装质量的效果，因此 Q/GDW 11743—2017 增加了该项目。而由于试验时试验装置集中在阀侧，故干扰较大，实测表明，控制在 300pC 水平，既能有效检测被试变压器本身的缺陷、隐患，又具有足够的可操作性。

5.5 工 程 应 用

国网湖北省电力有限公司电力科学研究院自开展我国第一个±800kV 特高压直流输电工程——向家坝—上海直流输电工程送端换流站换流变压器局部放电试验开始,陆续完成了±800kV 哈密南换流站、±800kV 锡盟换流站、±1100kV 昌吉换流站、±1100kV 古泉换流站、±800kV 武汉换流站的特高压换流变压器现场局部放电试验。

5.5.1 ±1100kV昌吉—古泉特高压直流输电工程

±1100kV 昌吉—古泉特高压直流输电工程从电压等级±800kV 上升至±1100kV，输送容量从 $640×10^4kW$ 上升至 $1200×10^4kW$，经济输电距离提升至 $3000～5000km$，是国家电网有限公司在特高压输电领域持续创新的重要里程碑，刷新了世界电网技术的新高度，开启了特高压输电技术发展的新纪元，对于全球能源互联网的发展具有重大的示范作用。

根据 Q/GDW 11218—2018 和 Q/GDW 11743—2017 的要求，±1100kV 昌吉—古泉特高压直流输电工程的昌吉换流站、古泉换流站换流变压器在现场安装完成后需要开展长时交流感应电压下的局部放电试验。国网湖北省电力有限公司电力科学研究院完成了古泉站全部换流变压器现场局部放电试验，并与国网新疆电力有限公司电力科学研究院共同承担了昌吉站换流变压器现场局部放电试验。±1100kV 古泉换流站换流变压器单边加压局部放电试验如图5-9所示。

图5-9　±1100kV 古泉换流站换流变压器单边加压局部放电试验

国网湖北省电力有限公司电力科学研究院对两站全部 Yy 换流变压器、古泉站全部 Yd 换流变压器和昌吉站 2 台 Yd 换流变压器应用了单边加压技术。其中，在 Yd 换流变压器上使用单边加压方式为世界范围内首次开展该电压等级下的 Yd 换流变压器现场单边加压局部放电试验，详细试验数据可参考 Q/GDW 11218—2018 附录 B。

5.5.2　现场干扰信号排查案例

1. 现场间隙放电干扰排查及消除

某低端 Yd 换流变压器局部放电试验时，在升压阶段发现有明显放电信号。在现场开展逐层干扰排查，最终发现并清除了外部干扰源，使试验得以正常开展。

（1）试验过程及问题的出现。具体如下：

1）试验回路和测量回路连通后，首先进行方波校准。方波校准信息见表5-8。

表 5-8   方 波 校 准 信 息

位置	局部放电量（pC）		
	网侧 1.1	阀侧 2.1	阀侧 2.2
网侧 1.1	500	121	33
阀侧 2.1	110	500	<30
阀侧 2.2	22	<50	500

2）背景噪声水平约为 20pC，完全符合试验要求。

3）加压至阀侧 26kV，有局部放电干扰信号，由阀侧 2.2 传出，处理了阀侧 2.2 电抗器顶部接线；之后升压至阀侧 46kV，再出现局部放电信号，由阀侧 2.2 传出，解除了阀侧 2.2 套管末屏的外接盒，信号仍在，重新固定了阀侧 2.2 套管电流互感器短路线（由简单的插入接触到牢固接触），信号消失。

4）继续升压到 240kV（$1.1U_m/\sqrt{3}$），出现局部放电干扰信号，如图 5-10 所示，由阀侧 2.1 传出，重新连接了阀侧 2.1 的电流互感器短接线，没有发生本质变化。

5）通过紫外成像仪发现阀侧 2.1 套管附近的绝缘子有悬浮导线放电，位置如图 5-11 所示，处理后，信号消失。

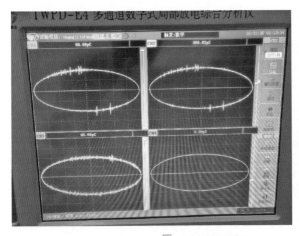

图 5-10 $1.1U_m/\sqrt{3}$ 下出现的局部
放电干扰信号

图 5-11   紫外成像仪扫描
发现的干扰源

（2）干扰排查过程分析。具体如下：

1）该次试验方波校准信噪比良好，背景噪声水平很低，整体试验条件较好。

2）阀侧加压至 26kV 和 46kV 时，2.2 套管出现放电信号。由于出线电压很低

（分别相当于约 12%和 21%额定最高运行电压），因此首先考虑回路中的连接不良。首先排查连接可能不牢靠的几个地方，包括电抗器顶部接线、阻抗接线及电流互感器短接线。该次试验中，确认是电抗器顶部接线和电流互感器短接线出现问题。

3）阀侧加压至 240kV（$1.1U_m/\sqrt{3}$）时，2.1 套管出现放电信号，且对 1.1 套管符合信号传递比，首先判断放电来自 2.1 套管，且优先怀疑是外部放电。根据放电波形判断，类似于悬浮导体/导体间隙放电。由于 2.2 套管电流互感器短接线出现过问题，所以首先排查了 2.1 套管电流互感器短接线，但并无变化。于是，排查 2.1 套管加压侧回路附近情况。恰好放电点位于外部，利用紫外成像仪发现 2.1 套管加压回路附近绝缘支柱顶端引线下的绝缘接地线对保护绝缘支柱木箱上的铁钉放电，引发干扰。

4）将保护木箱拆除，接地线更换为裸铜线后干扰消失，试验正常进行。

2. 背景干扰排查及抑制

2018 年 6 月 29 日，在开展昌吉站一台低端 Yd 换流变压器局部放电试验时，电源合闸后即发现有强烈的噪声干扰信号。为弄清干扰信号传播途径，现场多次尝试改变接线，并观察干扰情况，最终发现噪声信号通过地线传入。通过更换地线连接点，成功抑制了放电信号，使试验得以正常开展。

（1）试验过程及问题的出现。具体如下：

1）试验回路和测量回路连通后，首先进行方波校准。合上电源柜后，背景噪声急剧上升，平均噪声水平为 185pC/840pC/626pC，最大噪声水平为945pC/2294pC/2159pC。

2）为弄清干扰信号的传播途径，改变接线，尝试多种回路接线情况，观察干扰信号的变化。尝试的接线方式和噪声信号幅值水平见表 5-9。

表 5-9 尝试的接线方式和噪声信号幅值水平

接线方式	局部放电量（pC）		
	网侧 1.1	阀侧 2.1	阀侧 2.2
A 柜接地	700	3346	1953
B 柜接地	588	2838	1732
A、B 柜接地	669	3166	1985
A、B 柜接地桩相连，不接地	96	435	303
阀侧 2.1 接地	467	2148	408
阀侧 2.2 接地	183	704	2358
阀侧 2.1+2.2 接地	580	2533	2358

续表

接线方式	局部放电量（pC）		
	网侧 1.1	阀侧 2.1	阀侧 2.2
网侧 1.1 + 阀侧 2.1 + 2.2 接地	146	2419	2262
网侧 1.1 接地，阀侧不接地	59	429	320
网侧 1.1 接地，阀侧 2.1 短线接地	41	80	307
网侧 1.1 接地，阀侧 2.1 短线接地 + 2.2 长线接地	40	84	1855
网侧 1.1 接地线改至阀侧套管升高座	43	125	89
网侧不接地	32	149	103

3）最终采用将阀侧接地线移至与网侧接地线共线的方式，成功抑制了干扰。方波校准信息见表 5-10。

表 5-10　　　　　　　方 波 校 准 信 息

位置	局部放电量（pC）		
	网侧 1.1	阀侧 2.1	阀侧 2.2
网侧 1.1	501	154	91
阀侧 2.1	33	119	488
阀侧 2.2	118	476	83

4）噪声消除后正常开展试验，最终试验通过。

（2）干扰排查过程分析。具体如下：

1）该次试验遇到了背景噪声的强烈干扰。该背景噪声特点为：① 幅值大，占相位宽度高，直接影响试验测量；② 无明显频率特性，无法通过滤波去除；③ 持续出现，短时内无消失、变化迹象。这种情况下，查找干扰源范围大、难度高，因此优先考虑查明干扰源的传播途径，阻断或抑制传播途径。

2）该干扰信号在电源柜合闸后出现，疑似电源侧干扰。因此，首先检查电源侧常见干扰，发现无异常。

3）变更试验回路接线，断开阀侧 2.1 或 2.2 高压引线，发现在该情况下只要电源柜合闸，干扰信号仍然显著，无减弱迹象；反之，取消检测阻抗接地，干扰信号明显减弱。这说明干扰信号污染了接地网。

4）将阀侧套管两检测阻抗地线改接至网侧（换流变压器本体），干扰信号得到明显抑制，试验得以顺利开展。

参 考 文 献

[1] 刘振亚，秦晓辉，赵良，等. 特高压直流分层接入方式在多馈入直流电网的应用研究 [J]. 中国电机工程学报，2013（10）：1-7+25.

[2] 管永高，张诗滔，许文超. 特高压直流分层接入方式下层间交互影响研究 [J]. 电力工程技术，2017，36（2）：32-37.

[3] 王雅婷，张一驰，郭小江，等. ±1100kV 特高压直流送受端接入系统方案研究 [J]. 电网技术，2016，40（7）：1927-1933.

[4] 杨万开，李新年，印永华，等. ±1100kV 特高压直流系统试验技术分析 [J]. 中国电机工程学报，2015，35（S1）：8-14.

[5] 李光范，王晓宁，李鹏，等. 1000kV 特高压电力变压器绝缘水平及试验研究 [J]. 电网技术，2008（3）：1-6+40.

[6] 李光范，张翠霞，李金忠，等. 1000kV 变压器绝缘水平的探讨 [J]. 电网技术，2009，33（18）：1-4.

[7] 刘泽洪，郭贤珊. 特高压变压器绝缘结构 [J]. 高电压技术，2010，36（1）：7-12.

[8] 阮羚，郑重，高胜友，等. 宽频带局部放电检测与分析辨识技术 [J]. 高电压技术，2010，36（10）：2473-2477.

[9] 李勇. 特高压换流变压器现场试验装置的研究 [D]. 北京：华北电力大学（北京），2015.

[10] 李勇，樊益平. ±660kV 换流变压器现场局放及感应耐压试验装置的研制 [J]. 宁夏电力，2011（Z1）：1-6.

[11] 司文荣，李军浩，袁鹏，等. 直流下局部放电试验与测量系统设计 [J]. 高压电器，2008（4）：326-328.

[12] 伍衡，苏国磊，陈禾. 换流变压器局部放电试验时容性无功功率的计算 [J]. 变压器，2014，51（1）：4-8.

[13] 谢齐家，普子恒，杜志叶，等. 现场局部放电试验对称加压方式的补偿电抗器参数研究 [J]. 中国电力，2015，48（11）：45-48+75.

[14] 朱雷，刘云鹏，吴振扬，等. 空间介质颗粒对交流导线电晕特性影响规律 [J]. 电工技术学报，2016，31（10）：85-92.

[15] 杜志叶，朱琳，阮江军，等. 基于瞬时电位加载法的 ±800kV 特高压阀厅

金具表面电场求解［J］. 高电压技术，2014，40（6）：1809－1815.

［16］高得力，汪涛，谢齐家，等. 换流变压器现场直流耐压试验回路空间布置的静电场计算［J］. 湖北电力，2015，39（4）：18－20＋23.

［17］姬大潜，刘泽洪，邓桃，等. 特高压直流输电系统稳态运行时高端阀厅内部的电场分析［J］. 高电压技术，2013，39（12）：3000－3008.

［18］李季，罗隆福，许加柱，等. 换流变压器阀侧绝缘电场特性研究［J］. 高电压技术，2006（9）：121－124.

［19］刘士利，王泽忠，孙超. 应用伽辽金边界元法的直流换流站屏蔽罩表面场强计算［J］. 电网技术，201135，（5）：223－227.

［20］刘士利，魏晓光，曹均正，等. 应用混合权函数边界元法的特高压换流阀屏蔽罩表面电场计算［J］. 中国电机工程学报，2013，33（25）：180－186＋26.

［21］齐磊，王星星，李超，等. ±1100kV 特高压直流换流阀绝缘型式试验下的电场仿真及优化［J］. 高电压技术，2015，41（4）：1262－1271.

［22］阮江军，詹婷，杜志叶，等. ±800kV 特高压直流换流站阀厅金具表面电场计算［J］. 高电压技术，2013，39（12）：2916－2923.

［23］田冀焕，周远翔，郭绍伟，等. 直流换流站阀厅内三维电场的分布式并行计算［J］. 高电压技术，2010，36（5）：1205－1210.

［24］王栋，阮江军，杜志叶，等. ±660kV 直流换流站阀厅内金具表面电场数值求解［J］. 高电压技术，2011，37（10）：2594－2600.

［25］王加龙，彭宗仁，刘鹏，等. ±1100kV 特高压换流站阀厅均压屏蔽金具表面电场分析［J］. 高电压技术，2015，41（11）：3728－3736.

［26］王星星，罗潇，齐磊，等. 高压直流换流阀用绝缘子表面电场计算及均压环设计［J］. 电网技术，2014，38（2）：289－296.

［27］谢齐家，普子恒，汪涛，等. 特高压换流变现场局部放电试验的电场计算及起晕校核［J］. 中国电力，2015，48（7）：8－12＋16.

［28］怡勇，张楚岩，陈正颖，等. 表面涂层导线正极性电晕起始电压的计算与实验研究［J］. 中国电机工程学报，2016，36（3）：853－860.

［29］冯天佑，吴云飞，阮羚，等. 变压器局部放电测量现场试验若干问题分析与处理［J］. 湖北电力，2014，38（12）：1－3.

［30］刘振山，杨道文，朱太云，等. 几起变压器现场试验局部放电量超标原因的分析［J］. 变压器，2012，49（12）：47－49.

[31] 龙腾. 对变压器局部放电及其现场试验的相关问题的分析及处理 [J]. 电子测试, 2015 (12): 100-102.

[32] 彭倩, 聂德鑫, 刘凡, 等. 特高压换流变压器现场局部放电检测抗干扰技术 [J]. 变压器, 2013, 50 (7): 50-54.

[33] 赵林杰, 季洪鑫, 齐波, 等. ±800kV 换流变压器现场局部放电试验的干扰监测 [J]. 南方电网技术, 2014, 8 (6): 27-33.

[34] 郑文栋, 杨宁, 钱勇, 等. 多传感器联合检测技术在 XLPE 电缆附件局部放电定位中的试验研究[J]. 电力系统保护与控制, 2011, 39 (20): 84-88.

[35] 张晓星, 谌阳, 唐俊忠, 等. 检测 GIS 局部放电的小型准 TEM 喇叭天线 [J]. 高电压技术, 2011, 37 (8): 1975-1981.

[36] 陈庆国, 蒲金雨, 丁继媛, 等. 电力电缆局部放电的高频与特高频联合检测 [J]. 电机与控制学报, 2013, 17 (4): 39-44.

[37] 宋克仁, 冯玉全. 高压变压器在线局部放电测量 [J]. 高电压技术, 1992 (1): 40-44.

[38] 陆启航. 电力变压器局部放电试验技术及相关问题探讨 [J]. 技术与市场, 2012, 19 (5): 43-44.

[39] (苏) 库钦斯基 Г С. 高压电气设备局部放电 [M]. 徐永禧, 胡维新, 译. 北京: 水利电力出版社, 1984.

[40] LUO D S, CHEN K P. Envelope signal of partial discharge pattern recognition based on wavelet packet transform [J]. Advanced Materials Research, 2014 (823): 536-540.

[41] 王国利, 袁鹏, 单平, 等. 变压器典型局放模型超高频放电信号分析[J]. 高电压技术, 2002, 28 (11): 28-31.

[42] 卢启付. 电力变压器局部放电信号特高频特性的试验研究 [D]. 北京: 华北电力大学 (北京), 2005.

[43] 李军浩, 韩旭涛, 刘泽辉, 等. 电气设备局部放电检测技术述评 [J]. 高电压技术, 2015, 41 (8): 2583-2601.

[44] 刘嘉林, 董明, 安珊, 等. 电力变压器局部放电带电检测及定位技术综述 [J]. 绝缘材料, 2015, 48 (8): 1-7.

[45] 谢希. 变压器局部放电监测中干扰的识别与抑制方法的研究 [D]. 兰州: 兰州理工大学, 2013.

第6章
特高压换流变压器铁心接地电流检测技术

6.1 概　述

运行中的变压器，其铁心必须单点可靠接地。铁心和夹件接地电流检测是为了判断变压器内部是否存在铁心多点接地等异常现象。

在实际工程应用中，铁心和夹件接地电流检测一般采用带电检测方式开展，即在变压器运行状态下，由作业人员开展现场检测。检测的基本原理是：采用专用的检测仪器，分别在铁心和夹件的接地引下线上测量并记录，得到电流波形和电流幅值，与历史数据和初始数据进行对比，以判断变压器内部是否存在铁心或夹件异常。

变压器铁心和夹件接地电流检测，属于电力变压器预防性试验项目之一，也是电力变压器例行的带电检测项目之一。传统的做法是：变电站运维人员开展运维工作时，根据规定的周期，用钳形电流表分别测量铁心和夹件接地引下线上的电流，读取电流有效值；电流未超过注意值（普通变压器通常为100mA，特高压变压器及换流变压器通常为 300mA）则为正常，超过注意值则有针对性地开展进一步的诊断性试验，来综合判断。随着测量技术和变压器状态监测技术的发展，铁心和夹件接地电流检测逐步由带电检测发展为在线监测，即通过在线监测实现铁心和夹件接地电流的持续监测，并及时预警。

变压器铁心和夹件接地电流的检测技术，目前主要存在以下几个方面的难点：

（1）铁心和夹件接地电流属于微弱的毫安级混频电流，尤其是三相一体变压器、特高压变压器、换流变压器中的铁心和夹件接地电流中存在较为丰富的谐波分量。受变电站现场空间电磁干扰的影响，准确测量毫安级的混频电流，对测量装置的要求较高。而目前的测量方式大多采用普通的钳形电流表，其频带较窄、测量准确性较低、抗干扰性能较差，因此实际测得的数据难以真实反映铁心和夹件接地电流的特征，尤其是谐波特征。

（2）现有的行业标准中，对铁心和夹件接地电流检测结果的判断，均以不超过注意值为直接判据。但在实际工作中经常遇到铁心或夹件接地电流过大、超过注意值，而变压器铁心或夹件却无多点接地故障的情况。尤其是换流变压器、特高压变压器，由于其容量大、电压高，更容易出现"接地电流接近或超过注意值，但内部铁心无明确缺陷"的情况。因此，根据铁心和夹件接地电流的检测结果判断铁心缺陷时需要更加系统、综合的方法。

（3）铁心和夹件接地电流与变压器铁心运行状态的关联性有待进一步量化分析和研究。变压器铁心内部发生多点接地时，接地点的位置、接地缺陷类型不同，将导致两点接地环路中交链的磁通量不同，进而导致接地电流不同。同时，从理论上分析，变压器铁心内部硅钢片松动、铁心位移，均有可能导致绕组对铁心之间的电容发生变化，进而导致铁心接地电流发生变化。但目前尚无系统化、实用化的研究成果来揭示变压器内部铁心各种缺陷状态跟铁心和夹件接地电流的外在表征之间的关联性。因此，针对铁心及夹件接地电流的精细化分析和诊断技术，还有待进一步提升。

本章从换流变压器铁心基本结构、铁心接地电流产生机理、铁心接地电流的信号特征、现场检测及故障处理措施等关键技术，以及试验装备、现行标准、工程应用等方面，全面介绍了特高压换流变压器铁心接地电流检测的新技术和新装备，可为同类试验的开展提供借鉴。

6.2　关　键　技　术

6.2.1　换流变压器铁心基本结构

铁心是电力变压器的基本部件，由铁心叠片、绝缘件和铁心结构件等组成。从功能上看，铁心可以增强变压器线圈之间的磁耦合，是能量通过电磁感应方式进行传递的媒介体；从结构上看，铁心是变压器的骨架，对套在铁心柱外面的绝缘线圈可以起到一定的支撑作用。铁心本体由磁导率很高的磁性钢带组成。为使不同绕组能感应出和匝数成正比的电压，需要两个绕组交链的磁通量相同，因此绕组内要有由磁导率很高的材料制造的铁心，尽量使全部磁通在铁心内和两个绕组链合，并且使只和一个绕组交链的磁通尽量少。

铁心叠片由电工磁性钢带叠积或卷绕而成，铁心结构件主要由夹件、垫脚、撑板、拉带、拉螺杆和压钉等组成。结构件保证叠片充分夹紧，形成完整而牢固的铁心结构。叠片和夹件、垫脚、撑板、拉带、拉板之间均有绝缘件。铁心叠片引出接地线接到夹件或通过油箱到外部可靠接地，不允许存在多点接地的情况。

换流变压器为单相结构，典型的换流变压器铁心结构如图6-1所示。铁心截面结构与铁心铁轭结构如图 6-2 所示。

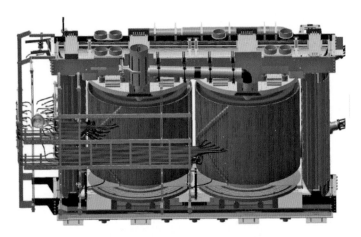

图 6-1 典型换流变压器铁心结构

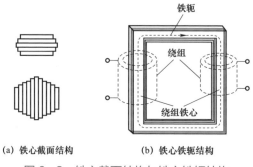

(a) 铁心截面结构　　　　(b) 铁心铁轭结构

图 6-2 铁心截面结构与铁心铁轭结构

变压器正常运行时，绕组周围存在电场，而铁心和夹件等其他金属构件均处于该电场中且具有不同的电位。换流变压器的铁心和绕组排布结构如图 6-3 所示。

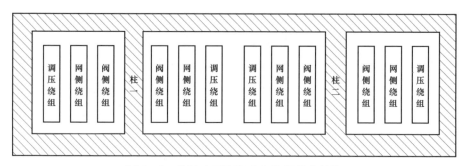

图 6-3 换流变压器铁心和绕组排布结构

由于电磁感应现象，阀侧绕组、网侧绕组和铁心之间会存在寄生电容。在寄生电容的耦合作用下，绕组会使铁心及其金属构件产生对地悬浮电位；同时，由于铁心与绕组之间、铁心金属结构件与绕组之间的空间距离是不同的，导致铁心或其金属结构件不同部位之间会存在电位差。若该电位差超过绝缘介质的击穿电压，则会产生火花放电现象，危害变压器固体绝缘和油绝缘，并且最终会导致事故发生，因此变压器铁心必须有单点接地。

大型电力变压器铁心接地方式是将铁心任一叠片接地，在任意两个叠片之间插入一枚铜片，铜片的另一端与铁心夹件相连，再与接地套管相连，这就构成了铁心的单点接地。虽然硅钢片之间会有绝缘膜，但由于其电阻值极小，在高压电场中可以视作通路，因而铁心某一点接地即可使整个铁心处于接地状态。大型电力变压器铁心单点接地如图6-4所示。

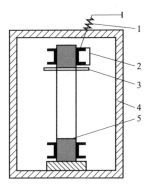

图6-4　大型电力变压器铁心单点接地
1—接地小套管；2—接地片；3—绕组压板；
4—箱体；5—铁心

变压器铁心必须接地，而且只能单点接地。如果变压器铁心由于某种原因在某位置处出现另一点接地，则两接地点之间会形成一个闭合回路，其中交链的磁通将在回路中感应出环流（该环流可能达到数十安培）而造成铁心局部过热，随着温度升高还可能导致变压器油分解产生气体，严重时会造成铁心局部烧损或发生放电性故障，引发变压器重大事故。

统计资料和运行经验表明，可能造成铁心接地故障的因素有以下几点：

（1）变压器内部杂质影响。制造过程中变压器内部残留的导电性悬浮物、油路中因轴承磨损引入的金属粉末、加工时残留的金属焊渣等，在油流作用下，往往被堆积到一起，使铁心与箱壁之间短接，造成多点接地。

（2）结构件与铁心的非正常接触。例如，上夹件碰油箱、夹件小托板碰铁心、穿心螺杆钢座套碰铁心、钢垫脚与铁心之间的绝缘破损或受潮等导致多点接地。

（3）工艺不良导致结构变形。例如，铁心本体易位变形、外部压紧件变形翘曲等因素均可能导致多点接地。

6.2.2 铁心接地电流产生机理

变压器铁心单点接地时，电流主要为电容电流。运行时，由于绕组上存在运行电压，而铁心接地，两者之间的绝缘介质中会流过一定电流。该电流为铁心接地电流的主要来源。由于最靠近铁心的一般是低压绕组，其电压对铁心接地电流贡献最大，因此可根据低压绕组的运行电压和低压绕组对地电容来初步估算单相变压器的铁心接地电流的大小。

变压器铁心存在多点接地时，两个接地点之间构成闭合回路。接地点发生在不同部位时，闭合回路中或多或少会交链部分主磁通或漏磁通，在回路中产生感应环流。此时的接地电流主要为电磁感应产生的电势在铁心硅钢片薄膜电阻和金属导体电阻上产生的电流。增大后的接地电流，会导致铁心内部过热，危及内部绝缘，引发变压器故障。因此，需要定期检测铁心接地电流，发生异常时应根据实际情况及时进行处理。

6.2.3 铁心接地电流的信号特征

变压器铁心接地电流信号中汇集了丰富的状态信息，这些信息对监测变压器故障、评估变压器健康状态有着重要的参考意义。

与交流变压器类似，当铁心发生多点接地时，铁心接地电流会增大。当铁心发生其他故障（如铁心结构件松动、磁路过饱和等）时，也可能导致变压器铁心接地电流发生异常变化。此外，局部放电、电力系统暂态过程引起的瞬时电磁冲击等高频信号也会耦合到接地电流中。

（1）铁心过饱和引起接地电流中谐波成分增加。换流变压器电压等级、容量和尺寸都比较大，其设计磁密往往接近铁心的饱和磁密。铁心中的铁磁材料是非线性的，工作在饱和区时铁心中的磁通除了包含工频基波成分外还包含大量的谐波成分，饱和现象越严重，接地电流中的谐波含量越多；铁心磁通中的谐波成分会在绕组上感应出谐波电压，通过绕组与铁心之间的等效电容，变压器铁心及夹件接地引出线上会产生相应的谐波电流。

（2）局部放电现象使接地电流中含有高频脉冲成分。当变压器绕组匝间或层间发生局部绝缘缺陷导致内部放电时，局部放电产生的高频脉冲信号会通过等效电容耦合到铁心接地电流信号中；当绕组对铁心或夹件发生局部放电时，高频脉冲信号会直接传输到铁心接地电流信号中。

（3）变压器外部冲击使接地电流中含有高频脉冲成分。变压器连接电力系统，当电力系统中存在暂态过程（外部冲击过电压、内部操作过电压等）时，可能会产生冲击电压；冲击电压入侵至变压器绕组中时，由于绕组电流无法突变，而铁心及夹件处于接地状态，冲击电压将通过高压绕组与低压绕组之间的等效电容、低压绕组与铁心之间的等效电容、高压绕组与油箱壁的电容，使得铁心和夹件上由于这些寄生电容的关系呈现出不同的电位分布，进而在铁心及夹件接地引出线上产生电流。由于这种冲击是暂态过程，因此在铁心和夹件接地引出线上呈现出持续时间短暂、幅值大、随机性高的高频电流信号，使得铁心和夹件接地电流中存在高频脉冲成分。

（4）换流变压器阀侧谐波电压会导致铁心接地电流中存在谐波电流。换流变压器直接连接换流阀，由于换流阀在换流工作过程中会产生较丰富的高次谐波，而这些谐波分量通过换流变压器阀侧绕组与铁心之间的耦合电容，会使铁心接地电流上呈现丰富的谐波分量。

（5）直流偏磁会导致铁心接地电流中产生偶次谐波分量。当存在直流偏磁时，变压器内部铁心的磁滞曲线会呈现"正负"不对称的情况，导致励磁电压中产生偶次谐波，进而导致铁心接地电流中呈现偶次谐波分量。

综上所述，换流变压器铁心接地电流的信号特征可总结如下：接地电流幅值与变压器内部铁心、绕组、油箱壁之间复杂的寄生电容分布和铁心及夹件的接地状态有关；正常运行时接地电流信号比较小，但多点接地时会很大；接地电流信号中，频率跨度大，有基本的工频成分、谐波成分以及高频脉冲成分；接地电流中的高频脉冲信号具有随机性。

6.2.4　现场检测及故障处理措施

变压器铁心及夹件接地电流现场检测的关键是在现场复杂干扰环境下能够准确测量毫安～安培级的电流信号，并完整采集和记录。由于铁心及夹件接地电流测量过程中接地引下线不可打开，因此需采用开口的钳形电流测量装置进行测量。开口钳形传感器易受空间磁场影响，而变压器附近极易出现漏磁场，会对测量造成干扰。因此，须采取有效措施排除干扰，确保测量结果的准确性。

1. 抗干扰措施

根据实际经验，可采取的抗干扰措施包括：

（1）采用带磁屏蔽的钳形电流传感器。

（2）测试时确保卡口完整闭合、端面垂直于接地引下线，并确保接地引下线处于钳形电流传感器中央。

（3）测试时，可在接地引下线附近将钳形电流传感器沿着接地引下线上下移动，找到空间磁场干扰最小的点进行测量。

（4）必要时，可采集空间典型的由磁场干扰引起的电流测量波形，并在软件分析中对该干扰电流进行滤除。

（5）对于换流变压器，需关注接地电流中的谐波特征，因此宜采用频带宽度合适、具备谐波分析功能的测量系统进行测量。

2. 故障处理措施

现场发生的铁心多点接地故障可分为永久性接地故障和非永久性接地故障。永久性接地故障是指内部铁心或夹件存在稳定的多个金属接地点。非永久性接地故障一般是指铁心和夹件有毛刺或者焊渣，或在变压器运行过程中铁心和夹件发生机械位移而存在接触等。根据实际情况，一般采取以下三种方法进行处理：

（1）临时串接限流电阻。变压器一旦出现铁心多点接地故障，而系统运行条件不允许开展停电检修时，可通过在铁心接地回路中串联阻值大小合适的电阻的方式来达到限制接地电流的目的，从而避免故障恶化和事故发生。串接在回路中的限流电阻不宜过大，否则将会导致铁心与大地之间的电位差过高，影响变压器的安全运行；但也不宜过小，否则无法达到限流的目的。须根据接地电流的大小进行计算，选择合适的阻抗来达到限流的目的。

（2）放电冲击法。对于部分非永久性接地故障，可采用放电冲击法来进行处理。放电冲击法是指采用电焊机或高压电容器对铁心进行放电冲击，使得内部的杂质（搭接小桥）在大电流的作用下烧断、融化或者移位，进而使不稳定的接地点消失，使铁心和夹件处于正常的单点接地状态。

（3）吊罩检修。当上述两种方法不能解决问题时，往往需要对变压器开展吊罩检修。将变压器箱体内的绝缘油排出后吊起变压器钟罩，然后采用高压试验或者直接观察法确定变压器内部发生故障的位置。吊罩后还可以过滤绝缘油的杂质粉末，并清洗铁心及金属结构件，实现去除其表面沉积的油泥的目的。

6.3 试 验 装 备

6.3.1 装备分类及性能要求

铁心和夹件接地电流现场检测所用的装备,按其目的和基本参数,可分为一般巡检型和精确诊断型两类。

(1)一般巡检型。主要是在变压器例行巡视中对铁心和夹件接地电流进行简单测试,通过与历史数据的比较,观测其趋势是否出现明显变化。此类检测主要采用钳形电流表或专用分析仪开展。该类仪器的核心技术指标包括:① 电流测量范围覆盖 2mA~10A;② 电流有效值的最大允许误差不超过±(5%读数+1mA);③ 传感单元宜采用开口钳形设计,开口直径不宜小于 60cm(适用于接地扁钢型引出线上的穿心测量)。

(2)精确诊断型。主要是对可能存有异常状态或隐患的变压器进行精确测量和分析,通过全面采集或持续监测铁心和夹件接地电流的波形、频域特征、变化趋势,来判断其是否存在异常。该类检测需采用专用的测试系统进行,测试系统宜包括前端传感器、后端分析仪器或分析系统。前端传感器实现对接地电流的采集和记录,后端分析仪器或分析系统对采集得到的电流波形进行全面分析,得到其幅值大小、频域特征,甚至与参考信号(如绕组电压)之间的相差特征。该类仪器的核心技术指标包括:① 电流测量范围覆盖 2mA~10A;② 电流有效值的最大允许误差不超过±(5%读数+1mA);③ 电流测量的频带范围宜覆盖 50~5000Hz;④ 具备谐波分析功能,可分析得到各次谐波分量的幅值及占比。

6.3.2 抗干扰性能强的传感单元典型设计

由于变压器正常运行时铁心接地引出线不能断开,只能利用穿心式电流传感器进行测量。铁心接地电流一般为容性电流,正常情况下幅值较小,一般的穿心传感器很难准确测量。此外,变电站母线和其他大电流导线的交变电流及高压导体的电晕、放电等会通过电磁场在信号系统中感应出干扰电流和干扰电压,严重影响测量的准确度。

为了准确测量现场变压器铁心接地电流，采用基于"多铁心自补偿"原理设计的特殊钳形电流传感器，可有效解决小电流情况下传感器测量结果误差大的问题，其原理如图 6-5 所示。

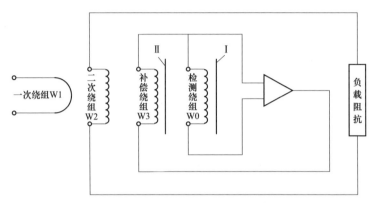

图 6-5 "多铁心自补偿"钳形电流传感器

基于"多铁心自补偿"原理设计的钳形电流传感器的工作原理为：一次绕组 W1 与检测绕组 W0、铁心 I 构成一只传感器，绕组 W1、W2、W3、铁心 II 构成另一只传感器，此时 W1 与 W3 共同对铁心 II 激磁。在一次绕组 W1 中通过电流时，会在铁心 I、II 上产生激磁电流，铁心 II 上产生的激磁电流大小受一次绕组 W1 中流过的电流大小以及一次绕组 W1 匝数的影响。这样二次绕组中感应出来的电流就和一次绕组中的电流不能达成平衡，并且二次绕组中的电流匝数乘积要小于一次绕组的电流匝数乘积。一次绕组 W1 中通过电流时检测绕组 W0 也会产生一定比例的电流，电流的大小跟铁心 I 中的激磁电流和 W0 的匝数有关。从检测绕组 W0 检测到的信号经反馈放大器后得到附加激磁电流，激磁电流通过补偿绕组 W3 反馈到铁心 II 中，通过调节电阻和电容的值来改变反馈放大器的幅值和相位，可以有效地补偿传感器的比差和角差。同时，设计传感器时，采用双层铜屏蔽技术可以尽量排除现场干扰对测量结果的影响。

按照上述设计思路研制传感器，经国家高电压计量站进行的量值溯源测试，其测量范围为 2mA～10A，最大比差为 1%，最大角差为 3.4′。传感器后端用功率分析仪（可采用 WT3000E 型功率分析仪）对测试数据进行存储分析，功率分析仪电流测量的最大允许误差为±（0.02%读数+0.04%量程），谐波分析次数为 100 次。

实际现场测试时，现场布置如图6-6所示。

(a) 传感器布置　　　　　　　　(b) 功率分析仪采集分析波形

图6-6　测试现场布置

6.4　标　准　解　读

目前，电力行业标准《变压器铁心接地电流现场测试导则》正在编制中，尚未发布实施。同时，有较多"预防性试验规程""状态检修规程"等电力行业标准提及了变压器铁心及夹件接地电流的测量周期及结果判据等相关技术条件。其中，跟换流变压器铁心和夹件接地电流密切相关的标准主要有：

（1）DL/T 393—2021《输变电设备状态检修试验规程》。该标准在表2中列出了"油浸式电力变压器和电抗器例行带电检测项目及要求"，铁心及夹件接地电流测量的基准周期为：330kV及以上为半年，220kV为1年，110kV/66kV周期自定；测试结果的要求为：接地电流不大于100mA，或初值差不大于50%（注意值）；测量采用钳形电流表进行（优先选用抗干扰型）。测量时钳口应完全闭合，同时尽量让接地线垂直穿过钳口平面。测量期间，沿接地线上下移动并轻微转动钳口，观察测量值，应无较大变化。夹件独立引出接地的，应分别测量铁心及夹件的接地电流。如测量值超过注意值，应结合油中溶解气体等关联状态量进行进一步分析。必要时，可临时在接地线中串联电阻以限制接地电流幅值，等待有停电机会时再修复，在此期间应跟踪分析。

（2）DL/T 1798—2018《换流变压器交接及预防性试验规程》。该标准在表1中列出了"换流变压器交接及预防性试验项目、周期和要求"：① 铁心及夹件接地电流的测量周期为"必要时"；② 测量要求为"运行中铁心、夹件接地电流宜不大于 0.3A"；③ 补充说明：只有在对外引接地线的铁心、夹件进行测量时，铁心和夹件分别测量；当基波电流大于100mA时，也应引起注意。

（3）DL/T 273—2012《±800kV 特高压直流设备预防性试验规程》。该标准在表1中列出了"换流变压器的试验项目、周期和标准"，铁心接地电流测量（如有外引接地线）的试验周期为"必要时"，标准为"一般不大于300mA"。

（4）Q/GDW 11933—2018《±1100kV 换流站直流设备预防性试验规程》。该标准在表1中列出了"换流变压器的试验项目、周期和标准"，铁心接地电流（如有外引接地线）的测量周期为"必要时"，测试要求为"不大于300mA"。

综合上述分析，建议换流变压器的铁心和夹件接地电流测试遵循以下原则：① 对于±500kV 及以下的换流变压器，铁心和夹件接地电流不超过 100mA；② 对于±800kV 及以上的换流变压器，铁心和夹件接地电流不超过300mA 且基波电流不超过100mA；③ 特殊结构、特殊形式的换流变压器，铁心接地电流、夹件接地电流与初值相比增幅不超过50%；④ 当铁心和夹件接地电流接近或超过上述注意值时，宜采用同类分析法、历史数据分析法分析电流幅值和波形的变化情况。

6.5 工 程 应 用

对某典型±800kV 换流站 Yd 低端换流变压器进行铁心、夹件及中性点接地电流的现场测量，得到的电流波形如图 6-7 所示。

该±800kV 换流变压器铁心及夹件接地电流的总有效值见表 6-1。

±800kV 低端 Yd 换流变压器的铁心及夹件接地电流时域波形及频域分析结果如图 6-8～图 6-13 所示。

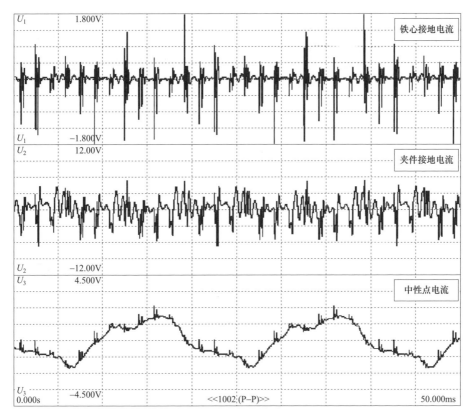

图 6-7　典型 ±800kV 换流站 Yd 低端换流变压器铁心、
夹件及中性点接地电流波形

表 6-1　　　±800kV 换流变压器铁心及夹件接地电流的总有效值

编号	1	2	3	4	5	6
电压等级	±800kV					
变压器	极Ⅰ低端 Yd A 相	极Ⅰ低端 Yd B 相	极Ⅰ低端 Yd C 相	极Ⅱ低端 Yd A 相	极Ⅱ低端 Yd B 相	极Ⅱ低端 Yd C 相
额定容量（MW）	396.2	396.2	396.2	396.2	396.2	396.2
实时负荷	13.44%			10.13%		
投运年限（年）	2	2	2	2	2	2
铁心接地电流总有效值（mA）	88.36	59.22	65.46	43.63	64.23	77.30
夹件接地电流总有效值（mA）	767.33	784.43	715.94	665.42	750.0	661.86

155

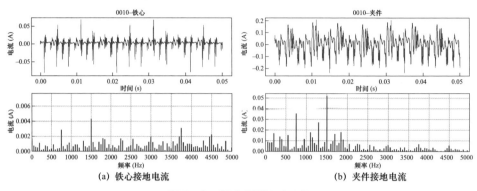

(a) 铁心接地电流　　　　　　　　(b) 夹件接地电流

图6-8　极 I 低端 Yd A 相

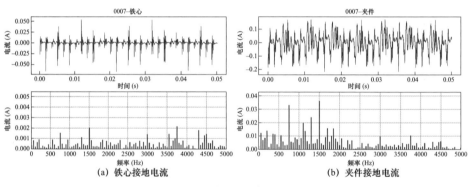

(a) 铁心接地电流　　　　　　　　(b) 夹件接地电流

图6-9　极 I 低端 Yd B 相

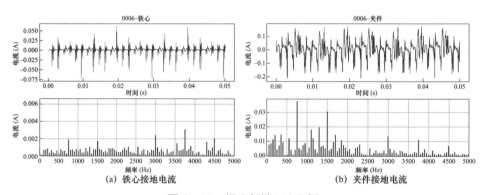

(a) 铁心接地电流　　　　　　　　(b) 夹件接地电流

图6-10　极 I 低端 Yd C 相

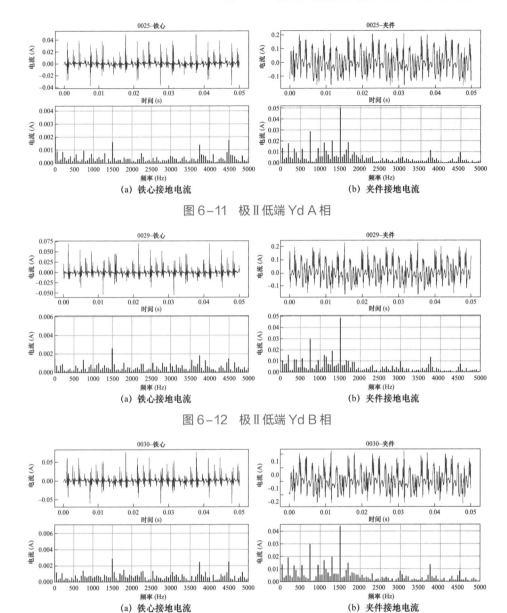

(a) 铁心接地电流　　　　　　　　(b) 夹件接地电流

图6-11　极Ⅱ低端Yd A相

(a) 铁心接地电流　　　　　　　　(b) 夹件接地电流

图6-12　极Ⅱ低端Yd B相

(a) 铁心接地电流　　　　　　　　(b) 夹件接地电流

图6-13　极Ⅱ低端Yd C相

由上述实测数据分析可得出如下结论:

(1) 换流变压器的铁心和夹件接地电流波形一般为非正弦波形,伴有大量的高次谐波分量。

(2) 换流变压器铁心和夹件接地电流中,高次谐波分量的大小可能远远超过基波分量。

157

（3）换流变压器铁心和夹件接地电流谐波中既有奇次谐波也有偶次谐波，且最高谐波次数可能达到 5000 次。

根据经验统计和文献调研，对于±500kV 的换流变压器，正常运行时其铁心接地电流一般为 30～80mA；对于±800kV 的换流变压器，正常运行时其铁心接地电流的全电流幅值约为 80～300mA；对于±1100kV 的换流变压器，正常运行时其铁心接地电流的全电流幅值一般接近 300mA。值得关注的是，换流变压器铁心和夹件接地电流的幅值增大，有可能来源于阀侧电压中谐波分量的变化，不一定预示着铁心内部存在故障；有文献中的实际案例表明，某±800kV 换流站内，换流变压器的铁心接地电流的全电流实测值均为 400～600mA，基波电流为50～60mA，但换流变压器均正常运行。

此外，当铁心接地电流和夹件接地电流均超过注意值时，可进一步观测铁心和夹件的合成电流。采用同一个传感器同时套在铁心和夹件的接地引下线上，读取合成电流；或将铁心接地电流、夹件接地电流进行矢量求和获取合成电流。当合成电流比铁心接地电流或夹件接地电流小时，预示着铁心和夹件之间可能存在短接或绝缘损伤。这是因为铁心和夹件之间形成闭合环路，两者电流方向相反，会存在相互抵消作用，从而导致合成电流的幅值比单一的铁心接地电流或夹件接地电流要小。

因此，对换流变压器铁心和夹件接地电流的现场测量和数据分析，应结合换流变压器具体的结构特征、历史运行数据、同类产品运行经验及基于其他物理原理的换流变压器运行状态监测数据，进行综合分析判断。

参 考 文 献

[1] 张劲，苏明虹，周电波，等. 换流变压器铁心接地电流及其谐波特性[J]. 变压器，2019，56（9）：31－35.

[2] 王阳. 面向智能传感器的变压器铁心接地电流信号调理器设计［D］. 武汉：华中科技大学，2020.

[3] 耿江海. 变压器铁芯多点接地在线监测系统的研究［D］. 保定：华北电力大学（保定），2006.

第 7 章
直流转换开关测试新技术

7.1 概　　述

7.1.1　直流转换开关类型

直流转换开关是高压直流输电工程中的常用设备，可改变直流系统的运行方式并及时隔离故障设备，保证直流系统非故障部分的正常运行，在直流输电系统中起着至关重要的作用。当前国内双极两端中性点接地直流输电工程中，直流转换开关的装设位置如图 7-1 所示，主要有金属回路转换开关（MRTB）、大地回路转换开关（GRTS）、中性母线开关（NBS）、中性母线接地开关（NBGS）。

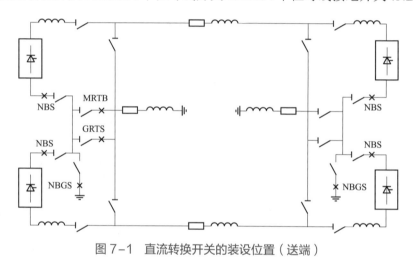

图 7-1　直流转换开关的装设位置（送端）

（1）MRTB 安装在送端换流站接地极回路，其功能是将直流运行电流从较低阻抗的大地回路向具有较高阻抗的金属回路转移，在转移过程中不降低运行极的直流输送功率。MRTB 需与 GRTS 联合使用，且通常仅在送端换流站中配置，双极共用。

（2）GRTS 装设在直流输电极线路和接地极线路之间，用于将直流运行电流从具有较高阻抗的金属回路转移至具有较低阻抗的大地回路，在转移过程中不降低运行极的直流输送功率。

（3）NBS 装设在换流站内中性母线上，用于将停运换流桥与中性母线断开。当单极计划停运或者需要进行检修时，该极换流桥闭锁，使直流电流降为零，NBS 在无电流情况下分闸。当双极正常运行时，若单极发生内部接地故障，NBS

可以将原来流经正常极注入接地故障点的电流转移至接地线路中，将系统由双极转换为单极运行，维持直流输电。

（4）NBGS 装设在换流站接地网与直流系统中性母线之间，用于提供站内临时接地。若系统中的接地极线断开，中性母线中会流过不平衡电流，使母线电压抬升。为防止双极闭锁，提高直流输电系统的稳定性，利用 NBGS 的合闸，建立中性母线与大地的连接，以保持双极继续运行，提高直流输电系统的可用率。当接地极线恢复正常运行后，NBGS 将流入换流站接地网的电流转移到接地极线路。另外，在 NBS 转换失败（开断不成功）时，NBGS 也可以提供暂时的大地回路通路。

7.1.2　直流转换开关结构

由于直流电流无类似于交流电流的过零点，因此开断直流电流需利用交流振荡电流与直流电流的叠加，使通过开断装置的合成电流强迫过零，即存在过零点，进而开断直流电流。直流转换开关的典型结构如图 7-2 所示，其核心部件主要是三部分：① 以形成电流过零点为目的的电容、电抗（或杂散电抗）振荡回路；② 由交流断路器改造而成的开断回路；③ 以吸收开断过程产生的能量为目的的避雷器吸能回路。

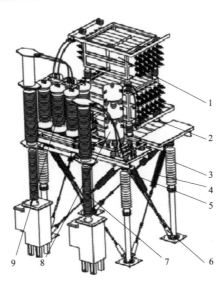

图 7-2　直流转换开关的典型结构

1—电容器组；2—绝缘平台；3—支柱绝缘子；4—斜拉绝缘子；5—支座；
6—阻尼弹簧；7—开断装置；8—电抗器（选用）；9—避雷器组

1. 振荡回路

振荡回路是与直流转换开关中开断装置并联的装置，通常由电容器和电抗器（或回路固有电感）串联组成。振荡回路的作用是与开断装置配合产生振荡电流，使流过开断装置的电流产生过零点。某些工程中部分直流转换开关的振荡回路已利用回路固有的电感代替电抗器。

振荡回路电感和电容的大小将决定振荡频率，所以电感、电容的取值应有一定的相关性，需根据工程应用和参数进行计算设计。

振荡回路电阻主要由电容器和电抗器以及避雷器组间连接导线的电阻、开断元件的接触电阻、电抗器线圈电阻组成。对于无源振荡回路式直流开关，阻尼电阻过大会影响自激振荡的形成以及振荡电流的增速。对于有源振荡回路式直流开关，阻尼电阻过大会导致振荡电流衰减过快，影响直流开断的成功率。因此，阻尼电阻是关系直流开断能否成功的重要因素之一。

若振荡回路的参数设置与系统运行工况不匹配，则会导致直流转换开关开断电弧失败而使开断直流电不成功，从而给系统带来严重危害。

2. 开断回路

开断回路是直流转换开关中用以开断电流的装置，在实际使用中一般用交流 SF_6 断路器代替。根据系统电压等级，可采用多断口串联的形式，以应对电压等级较高的直流系统。

3. 吸能回路

吸能回路同样是与直流转换开关中开断装置并联的装置，其作用是在开断装置开断后，吸收直流系统中平波电抗器和导线的电感、线间电容以及对地电容等非线性元件中储存的能量。吸能回路一般由多组避雷器并联构成。

直流转换开关由振荡回路、开断回路和吸能回路组成，在直流转换开关安装调试阶段需对每个分体设备进行交接试验，待分体部件试验完成后，需对其进行整体试验，然而由于直流转换开关开断电流大，在现场难以实现。在直流电流转换过程中，由于直流电流自身无零点，必须通过振荡回路的高频电流与直流电流叠加来产生过零点。直流转换开关的开断直流电流能力与其振荡回路的参数息息相关，振荡回路的等效电容、等效电感、阻尼电阻、衰减时间常数等任何一个发生变化都会影响高频电流波形的幅值、振荡频率以及衰减速度。因此，可通过测量直流转换开关振荡回路的特性，验证直流转换开关形成振荡电流、强迫电流过零点的能力，进而达到对直流转换开关进行整体调试的目的。

7.2　关　键　技　术

7.2.1　试验内容与原理

直流转换开关振荡特性试验包含以下测试内容：① 振荡回路中电容器的电容 C；② 振荡回路的振荡频率 f；③ 振荡回路的电感 L；④ 振荡回路的电阻 R。

振荡特性试验的原理是：通过对振荡回路电容进行充电，再闭合开断装置，使电容通过振荡回路进行放电，从而形成振荡电流。利用电流传感器测量并记录振荡电流波形，再通过对电流波形的计算，得出振荡回路的频率、电感、电阻以及衰减时间常数等参数。直流转换开关振荡特性试验的接线如图 7-3 所示。

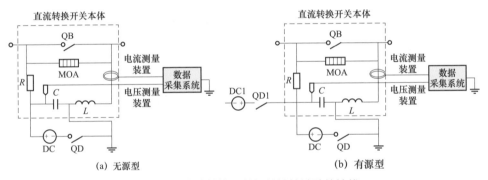

图 7-3　直流转换开关振荡特性试验的接线

QB—开断装置；MOA—避雷器；C—电容；L—回路等效电感；R—回路等效电阻；DC1—充电装置；
QD1—单极合闸开关；DC—直流试验电源；QD—试验辅助开关

7.2.2　试验条件与步骤

（1）直流转换开关振荡特性现场试验前，被试直流转换开关应具备以下条件：

1）安装完毕，所有接线符合设计要求。

2）外观良好、无损坏、表面清洁、无异物。

3）完成并通过 DL/T 274—2012《±800kV 高压直流设备交接试验》和 DL/T 273—2012《±800kV 特高压直流设备预防性试验规程》中规定的试验项目。

4）对于有源型直流转换开关，应断开其充电电源。

（2）直流转换开关振荡特性试验步骤如下：

1）对电容器组充分放电后，按图 7-4 所示完成试验接线。

2）闭合试验辅助开关 QD，利用直流试验电源 DC 对振荡回路中的电容器组进行充电，充电电压一般不低于 250V，但不应高于直流转换开关各部件额定电压。

3）断开试验辅助开关 QD，闭合开断装置 QB，利用数据采集系统记录回路的振荡电流波形和电容器组两端的电压波形。

4）若所测振荡电流波形出现中断或畸变，可适当提升充电电压，重复步骤 2）、3），直至测得完整且无中断、无畸变的波形。

5）拆除直流试验电源 DC、试验辅助开关 QD 及试验连接线，利用电容测量装置测量电容器组的电容值。

6）根据计算公式，计算振荡回路的等效电感值 L 和等效电阻值 R。

7.2.3 振荡特性计算方法

直流转换开关振荡回路中电容充电后，闭合断路器，由于电容电压较低，避雷器呈高阻状态，几乎没有电流。那么，试验回路通过储能电容、电感和开断装置构成放电回路，其等效电路如图 7-4 所示，R、L 和 C 分别为振荡回路的等效电阻、电感和电容，K 为理想开关。

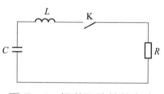

图 7-4 振荡回路等效电路

典型振荡回路电流波形如图 7-5 所示。运用基尔霍夫电压定理，整个回路的电压方程为

$$U = u_R + u_L + u_C \tag{7-1}$$

当开关闭合后，放电回路方程为

$$L\frac{di}{dt} + \frac{1}{C}\int_0^t i dt + i(t)R = 0 \tag{7-2}$$

求解该方程得

$$i = \frac{U_0}{\omega L} e^{-\frac{t}{\tau}} \sin(\omega t) \tag{7-3}$$

其中，$\tau = \dfrac{2L}{R}$；$\omega = \left(\dfrac{1}{LC} - \dfrac{1}{\tau^2}\right)^{1/2}$。

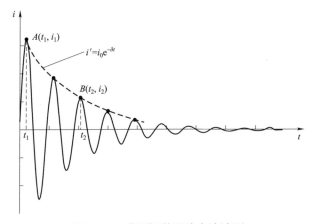

图7-5　典型振荡回路电流波形

令 $\dfrac{\mathrm{d}i}{\mathrm{d}t}=0$，则可求出第 n 个电流峰值 $i_{\mathrm{p}n}$ 所对应的时间 $t_{\mathrm{p}n}$，$t_{\mathrm{p}n}=\dfrac{1}{\omega}\arctan(\omega\tau)$。

根据所记录的电流波形，选取无明显畸变且峰值幅值较大的第 n 个和第 m 个同向峰值的时刻 $t_{\mathrm{p}n}$ 和 $t_{\mathrm{p}m}$ 及幅值 $i_{\mathrm{p}n}$ 和 $i_{\mathrm{p}m}$。将上述测量值代入，可分别计算直流转换开关的振荡周期 T、振荡频率 f、振荡回路衰减时间常数 τ、振荡回路电感值 L 和振荡回路阻尼电阻值 R，即

$$\tau=-\frac{t_{\mathrm{p}m}-t_{\mathrm{p}n}}{\ln(i_{\mathrm{p}m}/i_{\mathrm{p}n})} \tag{7-4}$$

$$T=\frac{t_{\mathrm{p}m}-t_{\mathrm{p}n}}{m-n} \tag{7-5}$$

$$f=\frac{1}{T} \tag{7-6}$$

$$L=\frac{\tau^{2}}{C[(2\pi f)^{2}\tau^{2}+1]} \tag{7-7}$$

$$R=\frac{2L}{\tau} \tag{7-8}$$

式中　T——直流转换开关的振荡周期；

　　　f——直流转换开关的振荡频率；

　　　τ——直流转换开关的振荡回路衰减时间常数；

　　　L——直流转换开关的振荡回路电感值；

　　　C——直流转换开关的振荡回路电容值；

　　　R——直流转换开关的振荡回路阻尼电阻值。

7.2.4 基于二阶电路阶跃响应的波形拟合算法

采用一种基于二阶电路阶跃响应的波形拟合算法，即按照指定的函数形式 $I' = Ae - \arcsin(\omega t)$ 对测量值进行拟合，其中各系数是待定的，优化目标是使各测量点的值与拟合函数预测值之差的平方和最小，即取得

$$\min \sum [I'(t) - I(t)]^2 \qquad (7-9)$$

考虑算法的数据采集不是从零点开始，引入左右调整角度变量 θ；考虑霍尔传感器的零点漂移现象，引入上、下调整变量 c；考虑倍频/倍频谐波，仅考虑主频，其余频段滤除，则改进得

$$i = \frac{U_0}{\omega L} e^{-\delta t} \sin(\omega t + \theta) + c \qquad (7-10)$$

相较于传统计算方法仅采用有限的测量点值进行计算的情况，基于二阶电路阶跃响应的波形拟合算法对测量数据的利用率更高，理论上利用了全部测量点数据。同时，在波形拟合过程中可反映霍尔传感器零点漂移以及采集初始角，去除了零点漂移分量、倍频分量、杂波分量等误差的影响。如图 7-6 所示，拟合波形与原始振荡电流波形重合度高，拟合效果好。

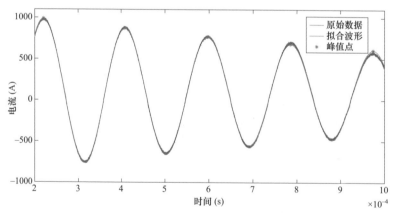

图 7-6 拟合波形与原始振荡电流波形对比图

波形拟合算法处理大量数据时计算简单，效率高，计算结果较传统仅使用峰值点的方法偏差更小，计算准确度高，更适合在现场对振荡回路参数进行计算。

7.3 试 验 装 备

7.3.1 组合式试验设备的参数选择

根据直流转换开关振荡特性试验方法，现场试验需要用到的设备主要有电容测量装置、直流充电电源、电流传感器和系统采集装置。

1. 电容测量装置的参数选择

电容测量装置可采用电容电感测试仪或者数字电容表。根据现有工程实例，现场电容一般从 20～80μF 不等，因此电容测量装置的测量范围至少包括 1～100μF。

2. 直流充电电源的参数选择

直流充电电源的主要作用是给电容器组充电。当充电电压越高时，振荡回路中的放电电流越大，有可能超过电流传感器的测试量程；而当充电电压较小时，会由于电流幅值较低，振荡电流呈现不连续的波形，如图7-7（a）所示，该波形不能用于振荡参数特性测量，会引起较大的测量误差。因此，需要选择合适的充电电压，现场试验时一般不低于 250V，使得振荡电流幅值不超过电流传感器的量程，且能够形成连续的振荡电流波形，如图7-7（b）所示。

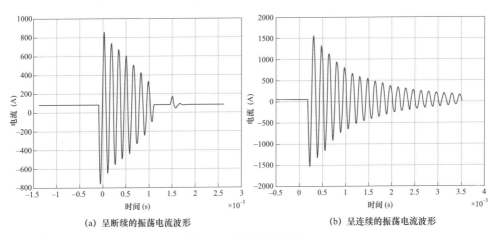

（a）呈断续的振荡电流波形　　　　　　（b）呈连续的振荡电流波形

图7-7　振荡电流波形

3. 电流传感器的参数选择

电流传感器可采用钳形电流表或者分流器。由于分流器接入测量回路时，需断开直流转换开关的连接线，串联接入振荡回路中，这不仅会影响原直流转换开关的振荡回路电阻，而且会对振荡回路电阻的测量带来较大的误差。因此，在现场测量直流转换开关振荡特性时，电流传感器推荐采用钳形电流表。

现场测量直流转换开关振荡电流时，由于振荡回路电阻较小，其振荡电流峰值一般会达到数千安，电流传感器测量范围至少包括 100～2000A。另外，根据现场多个换流站振荡频率的实际测量结果可知，该电流振荡频率一般从 4～8kHz 不等，对电流传感器响应频带也应有一定要求，其频率和带宽不小于1MHz。

4. 系统采集装置的参数选择

系统采集装置主要用于记录振荡电流波形。由于振荡回路电流波形为高频振荡波形，为了完整记录该波形，需要对系统采集装置的采样频率和储存深度提出相应的要求。振荡电流的频率一般从 4～8kHz 不等，根据香农定理和采样波形不失真的要求，系统采集装置的采样频率一般为被测波形频率的 10 倍。因此，系统采集装置的采样率一般不低于每秒 1×10^5 次。系统采集装置应单次记录尽可能多的振荡电流峰值，一般不应小于 10 个，因此单次记录时间一般应大于 10ms。

7.3.2 振荡特性自动化检测成套装置研制

1. 总体设计框架

直流转换开关振荡特性自动化检测成套装置的整体设计如图 7-8 所示，整体上分为高速采集单元、电源及控制单元和计算处理单元等。

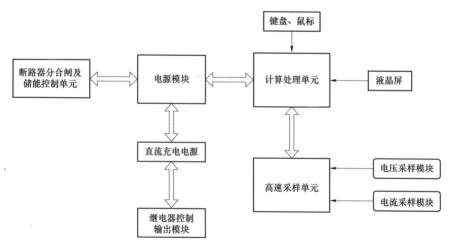

图 7-8 直流转换开关振荡特性自动化检测成套装置的整体设计

（1）高速采样单元主要负责电压、电流信号的采样。

（2）电源及控制单元分为试验电源控制、断路器分合闸控制、断路器储能控制3部分，可一并实现对断路器分合闸及储能的控制。

（3）计算处理单元内置振荡波形的拟合修正算法，并集成有效数据自动节选、计算结果自动输出等功能。

2．模块详细设计

（1）直流充电电源设计。直流充电电源的技术参数要求如下：

1）输出电压：直流500～5000V，可设置。

2）输出电流：最大10mA。

3）控制回路设计：直流充电电源控制输出回路和输出状态指示回路如图7-9和图7-10所示。按下面板红色按钮，直流充电电源电压开始输出，此时合闸指示灯亮起；同理，按下面板绿色按钮，直流充电电源电压断开，此时分闸指示灯亮起。

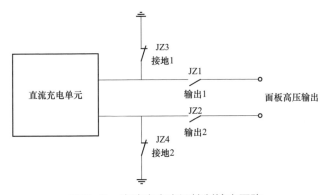

图7-9　直流充电电源控制输出回路

（2）数据采集系统设计。具体包括：

1）电压采样设计。电压采样设计电路如图7-11所示，高压臂采用数个高压电阻和数个高压电容并联；低压臂同样采用多个电阻和电容串联；设计变比为5000:1；最大测量电压为50kV。

2）电流采样设计。电流采样采用罗氏线圈，其最大量程为12kA，0.5mV/A。

3）数据处理单元设计。采样频率为80MHz，信号带宽为50Mbit/s。

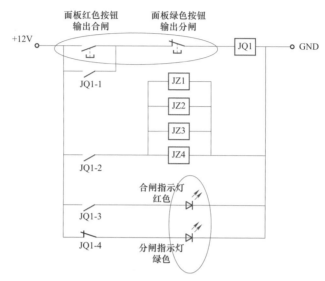

图 7-10　直流充电电源输出状态指示回路

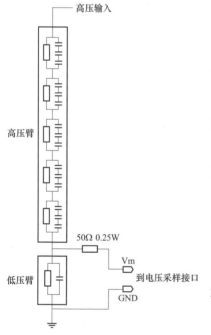

图 7-11　电压采样设计电路

3. 产品外观设计

振荡特性自动化检测成套装置采用模块化设计，整体达到工业级产品水准，其适应性应用参数如下：

工作电源：220V（1±10%），频率 49～51Hz。

工作环境：温度 −10～50℃，相对湿度不大于 90%，无凝露。

外观整体尺寸：500mm×430mm×400mm（长×宽×高）。

输出充电电压：直流 500～5000V。

输出分合闸电压/储能电压：直流 30～250V。

罗氏线圈：12kA，0.5mV/A。

内存：4GB，LPDDR4。

CPU：4 核，1.6GHz。

振荡特性自动化检测成套装置外观和面板设计如图 7-12 所示。

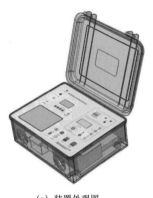
(a) 装置外观图

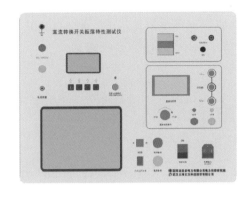
(b) 面板设计图

图7-12 振荡特性自动化检测成套装置外观和面板设计

7.4 工 程 应 用

7.4.1 振荡特性自动化检测成套装置现场应用

在现场分别用组合式试验设备和振荡特性自动化检测成套装置对直流转换开关振荡特性进行测量。这里重点介绍振荡特性自动化检测成套装置的试验步骤和方法。

振荡特性自动化检测成套装置试验接线试验接线如图7-13所示,试验步骤如下:

(1) 装置主机可靠接地,并接入交流220V电源。打开"电源开关""测试主机电源",长按直流充电电源开机键1s,完成开机。

(2) 待工业控制计算机开机后,进入个人计算机分析软件界面。

(3) 调整"直流电压调节"旋钮到合适的储能电压值和合分闸电压值。接入断路器储能线,打开储能输出控制空气断路器,接入断路器合分闸控制线。

(4) 接入直流高压输出端子测试线,按直流充电电源的"电压"按钮,将输出电压调整为1000V,如图7-14所示。

(5) 接入电流测量罗氏线圈BNC插头,并打开罗氏线圈积分器电源。

(6) 确认断路器已储能并在分闸位置,确认外部充电回路接线正确,点击面板"高压输出"按钮,开始试验。

（7）试验时，按住直流充电电源红色按钮 1s 以上，直流高压输出端子即对外输出；直流充电电源显示电压到达 1000V 时，点击电子示波器"捕获"按钮，然后点击"合闸"按钮，断路器合闸，工业控制计算机显示屏即捕获合闸振荡波形图。

（8）试验结束后，点击面板"高压断开"按钮，并将外部回路放电。关闭直流充电电源，关闭"测试主机电源"，将"直流电压调节"旋钮归零，关闭"电源开关"，拆除外部接线。

（9）根据振荡特性计算公式，得到回路等效电感值和回路等效电阻值。

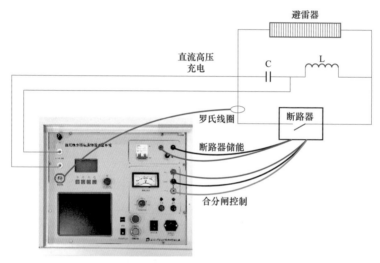

图 7-13　振荡特性自动化检测成套装置试验接线

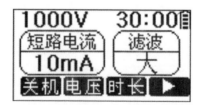

图 7-14　直流充电电源显示界面

采用泰克 DPO4034 示波器＋A621 电流探头等组合式试验设备与振荡特性自动化检测成套装置对直流转换开关振荡回路进行测试的结果如图 7-15 和图 7-16 所示。

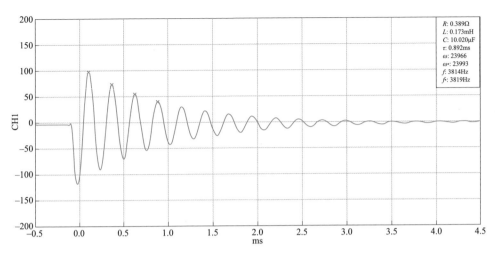

图 7-15　采用泰克 DPO4034 示波器＋A621 电流探头的测试结果

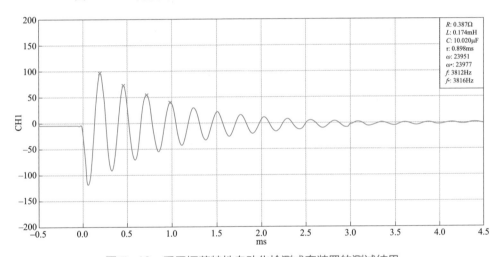

图 7-16　采用振荡特性自动化检测成套装置的测试结果

振荡特性参数的测试结果对比见表 7-1。

表 7-1　　　　　　　　　　测 试 结 果 对 比

项目	等效电阻 R （Ω）	等效电感 L （mH）	回路电容 C （μF）	衰减参量 τ （ms）	衰减振荡频率 f（Hz）	特征频率 f_0 （Hz）
泰克 DPO4034 示波器＋A621 电流探头等组合式试验装置	0.389	0.173	10.02	0.892	3814	3819
振荡特性自动化检测成套装置	0.387	0.174	10.02	0.898	3812	3816
互差	−0.51%	0.58%	—	0.67%	−0.05%	−0.08%

由测试结果对比情况可以看出，采用泰克 DPO4034 示波器＋A621 电流探头等组合式试验装置，与采用振荡特性自动化检测成套装置的测试结果一致性良好，最大互差仅为 0.58%。

7.4.2 直流转换开关振荡特性的特高压工程应用案例

根据 DL/T 2227—2021《±800kV 及以上特高压直流系统用高压直流转换开关选用导则》的要求，当直流转换开关整体安装完成后，应对整体进行检查，检查内容包括：① 各设备位置是否正确；② 各设备间的接线是否正确、可靠；③ 各设备间的绝缘距离；④ 直流转换开关导电回路电阻；⑤ 振荡参数的测量。

目前，直流转换开关振荡特性试验已在±1100kV 昌吉—古泉、±800kV 陕北—武汉、±800kV 天山—中州和±800kV 锡盟—泰州等多个直流输电工程中应用，其振荡特性实测数据见表 7-2，典型电流波形如图 7-17 所示。

表 7-2　　　　　　各典型换流站直流转换开关振荡特性实测数据

序号	换流站名称	直流转换开关类型	电容（μF）	电感（μH）	频率（Hz）	电阻（mΩ）
1	±500kV 葛洲坝换流站	MRTB	30.43	43.86	4356.1	38.51
		GRTS	1.012	363.01	8302.6	602.9
2	±500kV 龙泉换流站	MRTB	18.08	79.37	4201	75.17
3	±500kV 团林换流站	MRTB	19.52	81.76	3984	62.0
4	±800kV 武汉换流站	NBGS	88.5	7.27	6274	9.881
		极 I NBS	88.5	7.917	6011	14.644
		极 II NBS	87.2	8.169	5962	13.147
5	±800kV 天山换流站	GRTS	22.4	62.5	4255	48.5
6	±800kV 锡盟换流站	MRTB	77.1	16.1	4513	14.3
		GRTS	22.5	63.1	4227	37.6
		NBGS	78.3	15.5	4566	20.6
		极 I NBS	78.6	15.3	4587	13.9
		极 II NBS	78.5	15.4	4580	13.3
7	±1100kV 古泉换流站	NBGS	78.2	15.6	4562	14.7
		极 I NBS	77.8	16.1	4490	12.8
		极 II NBS	78.5	17.1	4344	31.9

续表

序号	换流站名称	直流转换开关类型	电容（μF）	电感（μH）	频率（Hz）	电阻（mΩ）
8	±1100kV 昌吉换流站	MRTB	60.7	14.8	5302.2	17.0
		GRTS	22.7	64.2	4170.8	41.6
		NBGS	79.3	13.9	4801.7	12.9
		极Ⅰ NBS	80.3	14.8	4609.6	20.7
		极Ⅱ NBS	79.6	16.3	4411.5	28.7
9	±800kV 广固换流站	NBGS	77	15.1	4673	51
		极Ⅰ NBS	77	15.21	4651	82
		极Ⅱ NBS	77	15.21	4651	70
10	±800kV 雅中换流站	MRTB	30	2.55	5735	17
		GRTS	22	60.8	4144	10.8
		NBGS	85	7.4	6354	19.0
		极Ⅰ NBS	85	8.16	6048	130
		极Ⅱ NBS	85	8.11	6058	20.8
11	±800kV 南昌换流站	NBGS	85	7.16	6452	13
		极Ⅰ NBS	85	8.14	6048	18
		极Ⅱ NBS	85	8.01	6098	14

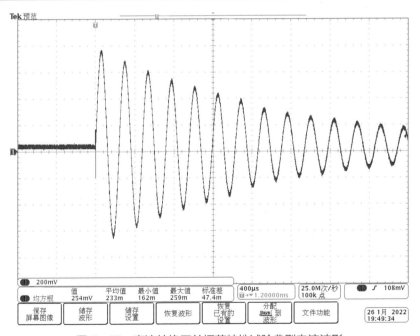

图 7-17　直流转换开关振荡特性试验典型电流波形

参 考 文 献

［1］赵畹君. 高压直流输电工程技术［M］. 北京：中国电力出版社，2004.

［2］徐政，等. 柔性直流输电系统［M］. 北京：机械工业出版社，2012.

［3］刘志远，于晓军，杨晨，等. 直流换流站金属转换开关用避雷器组研究［J］. 电瓷避雷器，2020（4）：35－40.

［4］刘劲松，禹晋云，张启浩，等. HVDC 站内直流转换开关避雷器动作电流监测装置设计与应用［J］. 电气自动化，2021，43（4）：84－86＋104.

［5］李兴文，郭泽，傅明利，等. 高压直流转换开关电流转换特性及其影响因素［J］. 高电压技术，2018，44（9）：2856－2864.

［6］厉天威，王浩，项阳，等. 高压直流工程直流转换开关分析与仿真［J］. 南方电网技术，2014，8（4）：33－36.

［7］荣命哲，杨飞，吴翊，等. 特高压直流转换开关 MRTB 电弧特性仿真与实验研究［J］. 高压电器，2013，49（5）：1－5.

第 8 章

特高压直流输电线路参数测试和现场抗干扰技术

8.1 概　　述

直流输电线路参数是线路操作过电压计算、电力系统暂态过程分析和直流控制保护整定的重要依据，参数测试过程也是投运前对线路绝缘状态的最后一次整体检查。因此，当直流输电线路新建或者改建完成后，应开展直流输电线路参数测试工作。

特高压直流输电线路参数测量时，周边带电运行的电网设备尤其是与测试线路并行的运行线路，将通过多种方式对被测线路产生电磁耦合，进而产生交、直流干扰电压和电流信号。在测量开路参数时，导线处于较高的充电电位，同时与投运的特高压交流线路交叉跨越，测量端存在变化的直流充电电压和交流静电感应电压叠加的复合干扰电压信号；在测量短路参数时，各个直流输电线路造成的偏磁电流与交流输电线路的电磁感应电流叠加，将形成复合干扰电流信号。

在交直流混联环境下，干扰信号幅值高、组成复杂，除了影响测量的准确度外，过高的干扰电压、电流水平会危及测量设备及测量操作人员的安全。建立线路间的耦合模型，分析电磁干扰的信号水平，预先采取干扰抑制和消除措施，可以保证测量的安全性和准确度。长距离直流输电线路本身的固有谐振点较为密集，选取过于靠近谐振频率的测量频点，对测量准确度也会有影响，如何选择合适的测量频点也需要研究。对于长距离输电线路，投运前线路可能存在因施工接地等原因造成的接地点，研究快速查找超长距离直流输电线路施工过程中出现的接地点的方法，对提升测试效率具有重要意义。

8.2 关　键　技　术

8.2.1 直流输电线路参数测试技术

直流输电线路参数的主流测试方法有相位法（分单端相位法和双端相位法）、谐振法（相位法的特例）。早期由于试验设备限制和干扰较小，线路参数频率特性测试主要采用谐振法。但随着直流输电线路的输送距离越来越长，同一走廊出现多回交直流线路、同塔两回线路等情况日益增加，有关测试面临的干扰问题日益严重，采用谐振法测量直流输电线路参数的频率特性很难得到正确的结果。下面对有关线路参数频率特性的测量方法进行简单介绍。

1. 谐振法测试技术

（1）谐振法测试技术原理。由于变频电源容量的限制，施加到线路上的测试信号强度有限，早期测量直流输电线路参数时一般采用谐振法。谐振法具有测试简单、测量频率范围较宽的优点。由于特高压输电线路的品质因数大，通常能够在 $\pm 1\text{Hz}$ 内精确地调出谐振点。在谐振频率下，线路的入端阻抗很小，电源能输出数安培的电流，抗干扰能力较强。

（2）输电线路末端短路状态下的谐振阻抗。末端短路时，短路阻抗为

$$Z_{\mathrm{d}} = \sqrt{\frac{R + \mathrm{j}\omega L}{\mathrm{j}\omega C}} \bullet \tanh\sqrt{\mathrm{j}\omega C(R + \mathrm{j}\omega L)D} \tag{8-1}$$

式中　C——单位长度电容（采用工频实测值）；

　　　L——单位长度电感；

　　　R——单位长度电阻；

　　　D——线路长度；

　　　ω——角频率。

将式（8-1）右端分解成复量的指数形式，得

$$\begin{aligned}
Z_{\mathrm{d}} &= \sqrt[4]{\frac{R^2 + (\omega L)^2}{\omega^2 C^2}} \mathrm{e}^{\mathrm{j}\frac{\theta}{2}} \bullet \sqrt{\frac{\cosh 2x - \cos 2y}{\cosh 2x + \cos 2y}} \mathrm{e}^{\mathrm{j}\tau} \\
&= \sqrt{\frac{L}{C}} \bullet \sqrt{\frac{1}{\cos\theta}} \bullet \sqrt{\frac{\cosh 2x - \cos 2y}{\cosh 2x + \cos 2y}} \mathrm{e}^{\mathrm{j}\left(\frac{\theta}{2} + \tau\right)} \\
&= z_{\mathrm{d}} \mathrm{e}^{\mathrm{j}\varphi d}
\end{aligned} \tag{8-2}$$

其中，　$\theta = \arctan\dfrac{-R}{\omega L}$；　　$\tau = \arctan\dfrac{\sin 2y}{\sinh 2x}$；　　$\cos\theta = \dfrac{\omega L}{\sqrt{R^2 + \omega^2 L^2}}$；　　$2x = \sqrt{2\omega^2 LCD^2\left(\dfrac{1}{\cos\theta} - 1\right)}$；　$2y = \sqrt{2\omega^2 LCD^2\left(\dfrac{1}{\cos\theta} + 1\right)}$。

谐振时，$\varphi_{\mathrm{d}} = 0$，$\dfrac{-\theta}{2} = \tau$，则

$$\tan\left(-\frac{\theta}{2}\right) = \tan\tau \tag{8-3}$$

实际上 $\theta = -|\theta|$，则式（8-3）变为

$$\tan\frac{|\theta|}{2} = \tan\tau \tag{8-4}$$

将式（8-4）进行变换，得

$$\sqrt{\frac{1-\cos\theta}{1+\cos\theta}} = \frac{\sin 2y}{\sinh 2x} \qquad (8-5)$$

将 $\varphi_d = 0$ 代入式（8-2），得

$$\sqrt{\frac{L}{C}} \cdot \sqrt{\frac{1}{\cos\theta}} \cdot \sqrt{\frac{\cosh 2x - \cos 2y}{\cosh 2x + \cos 2y}} = Z_d \qquad (8-6)$$

将式（8-5）和式（8-6）联立，即可得到以短路试验数据求解 R 和 L 的超越方程组。

（3）输电线路末端开路状态下的谐振阻抗。末端开路时，与短路一样，有类似的结论，末端开路阻抗为

$$Z_k = \sqrt{\frac{L}{C}} \cdot \sqrt{\frac{1}{\cos\theta}} \cdot \sqrt{\frac{\cosh 2x + \cos 2y}{\cosh 2x - \cos 2y}} \mathrm{e}^{\mathrm{j}\left(\frac{\theta}{2}-\tau\right)} = z_k \mathrm{e}^{\mathrm{j}\varphi_k} \qquad (8-7)$$

谐振时，$\varphi_k = 0$，$\dfrac{\theta}{2} = \tau$，将式（8-7）进行一些变换，得

$$-\sqrt{\frac{1-\cos\theta}{1+\cos\theta}} = \frac{\sin 2y}{\sinh 2x} \text{ 或 } -\sqrt{\frac{1-\cos\theta}{1+\cos\theta}} \sinh 2x - \sin 2y = 0 \qquad (8-8)$$

由 $\varphi_k = 0$ 代入式（8-7），得

$$\sqrt{\frac{L}{C}} \cdot \sqrt{\frac{1}{\cos\theta}} \cdot \sqrt{\frac{\cosh 2x + \cos 2y}{\cosh 2x - \cos 2y}} = Z_k \qquad (8-9)$$

将式（8-8）和式（8-9）联立，即可得到由开路试验数据求解 R 和 L 的超越方程组。

（4）谐振法测试流程。在测量线路短路、开路参数时，可选用不同的试验接线，对线路施加频率可变的正弦电压，调节电源频率，使线路达到谐振状态，测取线路末端短路和开路状态下的谐振频率和谐振阻抗，测量完成后记录测量结果。

1）正序短路测试时，将线路末端二极短路，在首端施加两相互为反相的电压，调节测试电源频率，使线路达到谐振状态，测取线路末端短路状态下的谐振频率和谐振阻抗（电流最大、阻抗最小）。正序短路测试接线如图 8-1 所示。

2）正序开路测试时，将线路末端二极开路，在首端施加两相互为反相的电压，调节测试电源频率，使线路达到谐振状态，测取线路末端开路状态下

的谐振频率和谐振阻抗（电流最大、阻抗最小）。正序开路测试接线如图 8-2
所示。

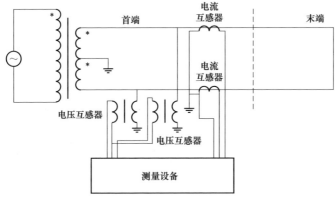

图 8-1　正序短路测试接线

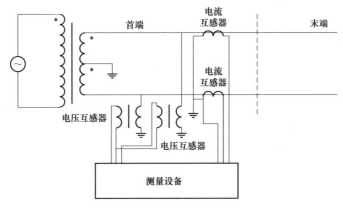

图 8-2　正序开路测试接线

3）零序短路测试时，将线路首端二极短路，末端二极短路接地，在首端施
加电压，调节测试电源频率，使线路达到谐振状态，测取线路末端短路状态下
的谐振频率和谐振阻抗（电流最大、阻抗最小）。零序短路测试接线如图 8-3
所示。

4）零序开路测试时，将线路首端、末端二极分别短路，尾端短接后不接地，
在首端施加电压，调节测试电源频率，使线路达到谐振状态，测取线路末端开
路状态下的谐振频率和谐振阻抗（电流最大、阻抗最小）。零序开路测试接线如
图 8-4 所示。

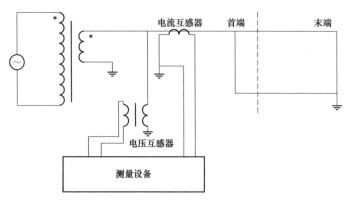

图 8-3 零序短路测试接线

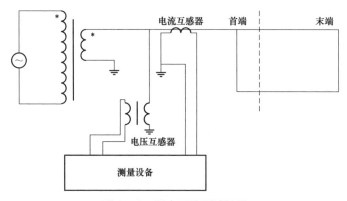

图 8-4 零序开路测试接线

数据处理是线路参数频率特性测量工作中的一个重要环节。除要准确测得计算必需的线路电容参数外，还要编制根据线路末端短路和开路状态下的谐振频率和谐振阻抗进行参数计算的程序，根据参数计算的程序和测量得到的线路电容参数，计算得到线路参数的频率特性结果。

2. 相位法测试技术

（1）双端同步相位法测试输电线路参数频率特性。正序短路、正序开路、零序短路、零序开路的测试接线分别与图 8-1～图 8-4 所示类似。其与谐振法在测量方法上的不同点在于：末端开路时，要测试末端的电压幅值及相位角；末端短路时，要测试末端的电流幅值及相位角。采用双端法测量时，为了实现同步测量，应以同步时钟信号作为测量的时间基准，同步时钟精度不得低于 0.1μs。

考虑干扰的影响，两端电压、电流测量装置要有选频特性，测试带宽不能低于 5kHz。线路两端口网络方程为

$$\begin{bmatrix} \dot{U}_1 \\ \dot{I}_1 \end{bmatrix} = \begin{bmatrix} \cosh \gamma D & Z_c \sinh \gamma D \\ \dfrac{\sinh \gamma D}{Z_c} & \cosh \gamma D \end{bmatrix} \begin{bmatrix} \dot{U}_2 \\ \dot{I}_2 \end{bmatrix} \tag{8-10}$$

首端电压 $\dot{U}_1$、电流 $\dot{I}_1$ 和末端电压 $\dot{U}_2$、电流 $\dot{I}_2$ 为已知，D 为线路长度，其他变量参看前述介绍。解式（8-10）可得

$$\cosh \gamma D = \frac{\dot{I}_1 \dot{U}_1 + \dot{I}_2 \dot{U}_2}{\dot{I}_2 \dot{U}_1 + \dot{I}_1 \dot{U}_2} \tag{8-11}$$

对端短路时

$$\cosh \gamma D = \frac{\dot{I}_1}{\dot{I}_2} \tag{8-12}$$

对端开路时

$$\cosh \gamma D = \frac{\dot{U}_1}{\dot{U}_2} \tag{8-13}$$

$$Z_c = \frac{\dot{U}_1 - \dot{U}_2 \cosh \gamma D}{\dot{I}_2 \sinh \gamma D} \text{ 或者 } Z_c = \frac{\dot{U}_2 \sinh \gamma D}{\dot{I}_1 - \dot{I}_2 \cosh \gamma D} \tag{8-14}$$

对端短路时

$$Z_c = \frac{\dot{U}_1}{\dot{I}_2 \sinh \gamma D} \tag{8-15}$$

$$Z_c = \frac{\dot{U}_2 \sinh \gamma D}{\dot{I}_1} \tag{8-16}$$

根据式（8-12）和式（8-13）可以求得 γD，进而求得 $\tanh(\gamma D)$ 和 γ。根据式（8-15）和式（8-16）可以求得 Z_c。

根据式（8-1）和式（8-2）可以推导出

$$z = \gamma Z_c \tag{8-17}$$

$$y = \gamma / Z_c \tag{8-18}$$

根据式（8-17）和式（8-18）可以得到 R_0、L_0、g_0 和 C_0。

双端相位法采用全球定位系统（GPS）双端同步采样技术测量电压、电流及相位角，根据微分方程求解，是比较经典的长线路测试方法。由于其实现困难，投入设备和人员多，测试方法复杂，测试时间长，基本没有在现场应用。

（2）单端相位法测试输电线路参数频率特性。在某一测试频率下，在非测量端开路和短路两种工况下，分别测量入端开路和短路复阻抗 Z_{inO} 和 Z_{inS}，根据推导公式 $Z_{inS} = Z_c \tanh(\gamma D)$ 和 $Z_{inO} = Z_c \coth(\gamma D)$ 可以得到 Z_c，即

$$Z_c = \sqrt{Z_{inS} \cdot Z_{inO}} \qquad (8-19)$$

再根据 $Z_{inS} = Z_c \tanh(\gamma D)$，可得

$$\tanh(\gamma D) = Z_{inS} / Z_c \qquad (8-20)$$

$$\gamma D = \text{arcoth}(Z_{inS} / Z_c) \qquad (8-21)$$

由于 $\text{arcoth}\, x = \dfrac{1}{2}\ln\left(\dfrac{1+x}{1-x}\right)$，则式（8-21）变为

$$\gamma D = \frac{1}{2}\ln\left(\frac{1+Z_{inS}/Z_c}{1-Z_{inS}/Z_c}\right) = \frac{1}{2}\ln\left(\frac{Z_c+Z_{inS}}{Z_c-Z_{inS}}\right) = \alpha + j(\beta + 2n\pi)$$

$$(8-22)$$

在已知线路长度 D 的前提下，就可以求得 γ。再将 γ 代入式（8-17）和式（8-18），就可以得到 z 和 y。通过 z 和 y 的实部和虚部，由于 $z = R_0 + j\omega L_0$，$y = g_0 + j\omega C_0$，频率已知，就可以得到 R_0、L_0、g_0 和 C_0。

单端相位法除具有双端相位法的所有优点外，还具有现场接线和操作简单、测试时间短、计算简单等明显的优势。

3. 现有测试方法总结

采用谐振法测量直流输电线路参数的频率特性，在电网密集程度不高、无同塔或并行直流线路的条件下能够较好地完成测试工作。随着干扰水平的提高，所用的测量表计由于无选频特性，不同的线路谐振点是不同的，谐振法无法满足测试要求。

相位法原理简单，数据处理简便。但是，一方面由于输电线路的品质因数很大，当远离谐振频率时和端阻抗的幅角接近 90°时，幅角测量的较小误差将引起线路参数的较大误差，因此对相位角测量的精度要求较高；另一方面由于电源的容量有限，而线路的入端阻抗随频率的变化很大，当入端阻抗很大时，电源输出的电流很小，干扰会使波形畸变，不易获得准确结果。由于采用了选频测量装置，双端和单端相位法具备抗干扰能力，能满足现场测试需要。

8.2.2 信号干扰与抑制技术研究

1. 直流输电线路分布参数模型构建

构建直流输电线路分布参数模型的目的，主要在于模拟长距离输电线路的干扰试验，通过试验室的模拟，验证研制的单端相位法直流输电线路参数频率特性测试系统（硬件和软件）的正确性。

直流输电线路分布参数模型如图 8-5 所示。设每千米长度下的阻抗为 $z = R_0 + \mathrm{j}\omega L_0$，对地导纳为 $y = g_0 + \mathrm{j}\omega C_0$，线路长度为 D。由于 g_0 实在太小，搭建模型时可以忽略。

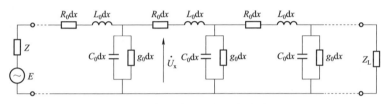

图 8-5 直流输电线路分布参数模型

直流输电线路分布参数模型与工频交流线路分布参数模型相比，要注意如下几点：

（1）该模型的工作频段为 50Hz～2.5kHz，为保证在整个工作频段电感有良好的线性度和稳定性，采用中频铁心；为避免铁心的加入导致磁饱和，采用 3/4 铁心，其余部分全部由空气构成磁路。考虑模拟试验测试电流在 0.5～1A，模拟的干扰电流在 1～2A，选定电感的通流能力为 3A；为减小导线直流和交流电阻，导线采用多股漆包线组成直径为 1mm² 的线圈。这样组成的电感，直流电阻在 0.05Ω 左右（直接作为模型的 R_0），电感量为 0.146mH，通过测试，在整个频率段电感特性十分稳定。

（2）因为该模型忽略了 g_0，在选择模型的电容时，要选择介质损耗小的电容；考虑与电感的配对，符合长线路传输特征，满足传输速率 $v < 1/\sqrt{L_0 C_0} \approx c = 300000\mathrm{km/s}$，$c$ 为光速，选择 $c = 0.1\mu\mathrm{F}$。这样求得的极限速度为 $v = 1/\sqrt{0.146\times 10^{-3}\times 0.1\times 10^{-6}} \approx 261712(\mathrm{km/s})$。

（3）直流输电线路一般较长，该模型设计长度为 1000km，考虑到方便任意组合，该方案设计 2 组各 500km 的直流输电线路模型，串接起来就是 1000km 的直流输电线路模型。

构建的直流输电线路分布参数模型如图 8-6（a）所示，干扰施加装置如图 8-6（b）所示。

(a) 直流输电线路分布参数模型　　　(b) 干扰施加装置

图 8-6　直流输电线路分布参数模型和干扰施加装置

2. 直流输电线路现场典型干扰成分模拟装置构建

超高压和特高压直流输电工程的基本换流单元——换流阀通常采用三相桥式整流电路，早期的直流输电工程多采用 6 脉波换流器作为基本换流单元。由于 6 脉波换流器会在其直流侧产生较多的低次谐波，因此当前高压直流输电工程均采用 12 脉波换流器作为基本换流单元。6 脉波及 12 脉波换流器的电气接线图如图 8-7 所示。

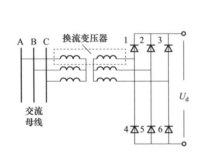 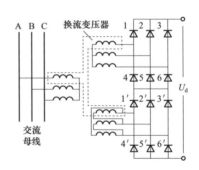

(a) 6脉波换流器　　　　　　　　　(b) 12脉波换流器

图 8-7　6 脉波及 12 脉波换流器的电气接线图

传统的 6 脉波模型在理想情况下，6 脉波整流桥会在直流侧产生 $6n$ 次的谐波电压，其中 n 为正整数。如果两个 6 脉波整流桥以 30° 的相角差串联，那么其中 n 为奇数的谐波可以被消除。换流器可被看成电压源，既可产生直流电压也可产生 $12n$ 次谐波电压。如果考虑非理想的燃弧系统、变压器变比、相位差，以及三相交流系统的电压和阻抗的不对称性，在直流系统中将产生非 12 的整数倍的非特征谐波，而其中最明显的非特征谐波都是偶数次谐波。一般地，6 脉波换流单元在交流侧和直流侧分别产生（$6k\pm1$）次和 $6k$ 次的特征谐波；同理，12 脉波换流单元在交流侧和直流侧分别产生（$12k\pm1$）次和 $12k$ 次的特征谐波。因此，对于 6 脉波换流单元，直流侧的干扰频率依次为 300、600、900、1200、1500、1800、2100、2400Hz 等；对于 12 脉波换流单元，直流侧的干扰频率依次为 600、1200、1800、2400Hz 等。

　　为模拟上述各种成分的干扰，构建了相应的干扰模拟装置，其原理框图如图 8－8 所示。其中，2 为前述直流输电线路分布参数模型，3 为试验电源和干扰电源部分。

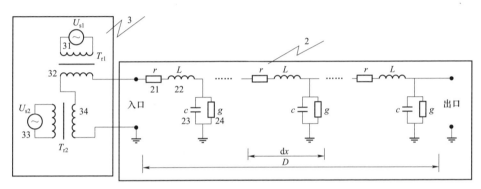

图 8－8　干扰模拟装置原理框图

　　测量用试验电源由外配 20Hz～2.5kHz、电压 0～300V 的变频电源 33 和隔离变压器 34 组成，干扰电源由外配 20Hz～2.5kHz、电压 0～300V 的变频电源 31 和隔离变压器 32 组成，两个隔离变压器的电压变比都为 1:1。

　　变频电源 33 产生 40～60Hz（不包括 50Hz）、异于工频 50Hz 的试验电流，变频电源 31 产生 50Hz 的电流，以模拟周围交流线路 50Hz 的感应干扰。如此，两个电源叠加，施加在直流线路模型 2 上。

　　同理，在研究频率特性时，变频电源 33 产生 60Hz～2.5kHz 的试验电流（不含干扰频率），变频电源 31 产生 $300n$Hz（$n = 1,2,3,4,5,6,7,8$）的电流，以模拟周围直流线路的脉波的感应干扰。如此，两个电源叠加，施加在直流线路模型 2 上。

8.2.3　临时接地点定位技术

　　为了准确定位架空输电线路可能存在的临时接地点，可通过测量输电线路的直流电阻并改变输电线路的回路结构，获得多个回路直流电阻测量方程，进而联立求解方程，得到线路临时接地点位置及其他未知参数。由于线路参数的设计值与回路直流电阻的测量值均存在误差，会显著降低接地点定位精度。可采用误差理论对回路直流电阻定位法进行误差分析，并改进回路直流电阻定位方法。国网湖北省电力有限公司电力科学研究院提出了高精度的线路临时接地点定位优化方法，其有效避免了线路工频参数及互感耦合等影响因素，不受临时接地点接地电阻大小的影响。改进的回路直流电阻法还可以将线路直流电阻作为未知参数进行求解，消除线路参数引起的误差。该方法具有抗工频干扰强、定位精度高、测量方法实现简便等特点。

1. 回路直流电阻定位法的基本原理及其误差分析

为了定位临时接地点挂设位置，分别测量末端开路、短路接地两种回路的直流电阻，可以获得两个回路直流电阻的定位方程，进而求解线路的直流电阻与接地点的接地电阻两个未知量，再根据线路单位长度的直流电阻推导出临时接地点的位置。若输电线路的单相（单极）仅有一个临时接地点，以此为例分析回路直流电阻法的基本原理；再根据误差分析理论，评估该方法的误差水平及其主要影响因素，进而提出相应的改进方法。

（1）回路直流电阻定位法的基本原理。

在输电线路末端不接地的情况下，在线路首端接入直流电源，并通过首端接地网接地，测量线路对地的回路直流电阻，测量回路如图 8-9 所示。该直流电阻包含首端接地网接地电阻、首端线路直流电阻、接地点接地电阻，定位方程为

$$r_o = r_{hg} + r_x + r_{twr} \qquad (8-23)$$

式中　r_o——末端开路时回路直流电阻的测量值；

　　　r_{hg}——首端接地网的接地电阻；

　　　r_x——首端线路直流电阻；

　　　r_{twr}——接地点接地电阻，主要包含接地点处杆塔塔材的电阻与接地装置的接地电阻。

在输电线路末端短路接地的情况下，在首端测量线路对地的回路直流电阻，测量回路如图 8-10 所示。该直流电阻包含首端接地网电阻、首端线路直流电阻、接地点接地电阻与末端线路直流电阻（含末端接地网接地电阻）的并联，定位方程为

$$r_s = r_{hg} + r_x + \frac{r_{twr}(r_y + r_{eg})}{r_{twr} + r_y + r_{eg}} \qquad (8-24)$$

式中　r_s——末端接地时回路直流电阻的测量值；

　　　r_y——末端线路直流电阻，$r_y = r_l - r_x$，其中 r_l 为全线的直流电阻。

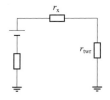

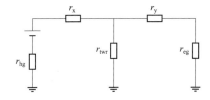

图 8-9　线路末端开路不接地的测量回路　　　图 8-10　线路末端短路接地的测量回路

联立开路定位方程式（8-23）与短路定位方程式（8-24），可得回路直流电阻定位方程组，即

$$\begin{cases} r_o = r_{hg} + r_x + r_{twr} \\ r_s = r_{hg} + r_x + \dfrac{r_{twr}(r_y + r_{eg})}{r_{twr} + r_y + r_{eg}} \end{cases} \qquad (8-25)$$

其中，$r_y = r_1 - r_x$。

首端、末端接地网接地电阻 r_{hg} 和 r_{eg}，以及全线的直流电阻 r_1 均采用设计值，为已知参数。线路首端直流电阻 r_x 和接地点接地电阻 r_{twr} 是未知参数，通过求解可得

$$\begin{cases} r_x = r_s' - \sqrt{(r_s' - r_{lg})(r_s' - r_o')} \\ r_{twr} = r_o - r_{hg} - r_x \end{cases} \qquad (8-26)$$

其中，$r_{lg} = r_1 + r_{eg}$；$r_o' = r_o - r_{hg}$；$r_s' = r_s - r_{hg}$。

根据线路单位长度直流电阻的设计值 r_{rpl}，可以求得接地点距离首端的距离 x，从而确定线路上挂设临时接地点的位置。

（2）回路直流电阻定位法的误差分析。

1）函数误差的合成理论。根据误差分析理论，间接测量是通过直接测量与被测对象之间有一定函数关系的其他量，按照已知的函数关系计算出被测对象，其函数关系的一般形式为

$$y = f(x_1, x_2, \cdots, x_n) \qquad (8-27)$$

对上述多元函数，其增量可用函数的全微分表示，则式（8-27）的函数增量 $\mathrm{d}y$ 为

$$\mathrm{d}y = \frac{\partial f}{\partial x_1}\mathrm{d}x_1 + \frac{\partial f}{\partial x_2}\mathrm{d}x_2 + \cdots + \frac{\partial f}{\partial x_n}\mathrm{d}x_n \qquad (8-28)$$

若已知各个直接测量值的误差大小为 $\Delta x_1, \Delta x_2, \cdots, \Delta x_n$，由于这些误差值较小，可以近似替代式（8-28）中的微分量 $\mathrm{d}x_1, \mathrm{d}x_2, \cdots, \mathrm{d}x_n$，从而可近似得到函数

的测量误差

$$\Delta y = \frac{\partial f}{\partial x_1}\Delta x_1 + \frac{\partial f}{\partial x_2}\Delta x_2 + \cdots + \frac{\partial f}{\partial x_n}\Delta x_n \qquad (8-29)$$

式中 $\partial f / \partial x_i$ ——各个直接测量值的误差传递系数。

2）回路直流电阻定位法的误差来源。对接地点定位公式中相关参量的误差原因进行分类，主要有以下两类：一类是回路参数的设计误差，包括首端接地网接地电阻 r_{hg}、末端接地网接地电阻 r_{eg}、全线的直流电阻 r_l；另一类是回路直流电阻的测量误差，包括开路直流电阻 r_o、短路直流电阻 r_s 的测量误差，这类误差主要包含测量装置的测量误差、线路干扰引起的测量误差，以及环境温度引起的回路直流电阻改变。

由测量装置的测量精度以及线路干扰引起的测量误差均具有随机性，属于随机误差，误差水平一般难以确定。由于回路直流电阻的变化与环境温度呈线性关系，根据架空线路的长短及其所处的环境温度，这类误差可以分为以下两类：第一类，对于长度较短的输电线路，全线所处的环境温度相差较小，开路直流电阻 r_o、短路直流电阻 r_s 测量值的相对误差基本相同，其相对误差大小可以校正；第二类，对于长度较长的输电线路，全线所处的环境温度相差较大，开路直流电阻 r_o、短路直流电阻 r_s 测量值的相对误差水平并不相同，其差异水平难以确定。

（3）回路直流电阻定位法的误差合成。

1）回路参数的设计误差。按照函数误差的合成理论对回路直流电阻定位法进行误差合成，由回路参数的设计误差引起的误差的合成公式为

$$\Delta r_x^s = \frac{\partial r_x}{\partial r_{hg}}\Delta r_{hg} + \frac{\partial r_x}{\partial r_{eg}}\Delta r_{eg} + \frac{\partial r_x}{\partial r_l}\Delta r_l \qquad (8-30)$$

其中

$$\begin{cases} \dfrac{\partial r_x}{\partial r_{hg}} = -1 + \dfrac{1}{2}[(r_s' - r_{lg})(r_s' - r_o')]^{-\frac{1}{2}}(r_s' - r_o') \\[3mm] \dfrac{\partial r_x}{\partial r_{eg}} = \dfrac{1}{2}[(r_s' - r_{lg})(r_s' - r_o')]^{-\frac{1}{2}}(r_s' - r_o') \\[3mm] \dfrac{\partial r_x}{\partial r_l} = \dfrac{1}{2}[(r_s' - r_{lg})(r_s' - r_o')]^{-\frac{1}{2}}(r_s' - r_o') \end{cases}$$

式中　$\dfrac{\partial r_x}{\partial r_{hg}}$——首端接地网接地电阻 r_{hg} 的误差传递系数；

　　　$\dfrac{\partial r_x}{\partial r_{eg}}$——末端接地网接地电阻 r_{eg} 的误差传递系数；

　　　$\dfrac{\partial r_x}{\partial r_l}$——全线直流电阻设计值 r_l 的误差传递系数。

2）回路直流电阻的测量误差。按照函数误差的合成理论对回路直流电阻定位法进行误差合成，由回路直流电阻测量误差引起的误差的合成公式为

$$\Delta r_x^c = \frac{\partial r_x}{\partial r_s}\Delta r_s + \frac{\partial r_x}{\partial r_o}\Delta r_o \qquad (8-31)$$

其中

$$\begin{cases} \dfrac{\partial r_x}{\partial r_s} = 1 - \dfrac{1}{2}[(r_s' - r_{lg})(r_s' - r_o')]^{-\frac{1}{2}}(2r_s' - r_o' - r_{lg}) \\ \dfrac{\partial r_x}{\partial r_o} = \dfrac{1}{2}[(r_s' - r_{lg})(r_s' - r_o')]^{-\frac{1}{2}}(r_s' - r_{lg}) \end{cases}$$

式中　$\dfrac{\partial r_x}{\partial r_s}$——短路直流电阻测量值 r_s 的误差传递系数；

　　　$\dfrac{\partial r_x}{\partial r_o}$——开路直流电阻测量值 r_o 的误差传递系数。

3）回路直流电阻定位法的组合误差。将回路参数的设计误差与回路直流电阻的测量误差进行合成，总的误差合成公式为

$$\Delta r_x = \Delta r_x^s + \Delta r_x^c \qquad (8-32)$$

（4）回路直流电阻定位法的误差分析。根据误差来源及其分类，分别以不同长度的输电线路为例，对接地点定位误差进行分析：

第一，± 1100kV 特高压直流输电线路参数设计值。导线型号 $8 \times$ JL1/G3A$-1250/70$，长度 $L = 3319$km，单位长度的直流电阻 $r_{rpl} = 2.88$mΩ/km，首端接地网接地电阻 $r_{hg} = 0.023\Omega$，末端接地网接地电阻 $r_{eg} = 0.09\Omega$，临时接地点接地电阻 $r_{twr} = 0.5\Omega$。

第二，某直流接地极线路参数设计值。导线型号 $2 \times 2 \times$ JNRLH60/G1A$-630/45$，长度 $L = 134.7$km，单位长度的直流电阻 $r_{rpl} = 0.0239\Omega$/km，首端接地网接地电阻 $r_{hg} = 0.023\Omega$，末端接地网接地电阻 $r_{eg} = 0.06\Omega$，临时接地点接地电阻 $r_{twr} = 0.7\Omega$。

第三，某 500kV 超高压输电线路参数设计值。导线型号 $4 \times$ JL/G1A630/55，

长度 $L=261.0$km，单位长度的直流电阻 $r_{rpl}=0.01129\Omega$/km，首端接地网接地电阻 $r_{hg}=0.24\Omega$，末端接地网接地电阻 $r_{eg}=0.39\Omega$，临时接地点接地电阻 $r_{twr}=1.4\Omega$。

1）回路参数的设计误差。回路参数的设计误差分别取：① 首、末端接地电阻设计值的相对误差为 5%；② 单位长度直流电阻设计值的相对误差为 5%；③ 首、末端接地电阻设计值和单位长度直流电阻设计值的相对误差均为 5%；④ 首、末端接地电阻设计值和单位长度直流电阻设计值的相对误差均为 −5%。

分别以 ±1100kV 特高压直流输电线路、某直流接地极线路、某 500kV 超高压输电线路为例，将上述误差及线路参数代入误差合成公式，并计算回路直流电阻定位法的相对误差，如图 8−11 所示。

当首、末端接地电阻设计值的相对误差为 5%时，接地点定位误差均小于 3%；当单位长度直流电阻设计值的相对误差为 5%时，接地点定位误差最大达到 −12.79%～−8.59%，且考虑首、末端接地电阻设计误差时，定位误差略有增大；当设计误差均为 −5%时，接地点定位误差最大达到 13.88%，甚至会出现超出线路的总长度而得不出计算值，并且当接地点到首端的距离越远，接地点定位误差越大。

综上可得，与回路参数设计误差相关的误差分析结果表明，回路直流电阻定位法误差的主要影响因素是线路单位长度的直流电阻。

2）回路直流电阻定位法的组合误差。下面分析当线路参数与测量参数均存在误差时，回路直流电阻定位法的组合误差水平：① 短路、开路直流电阻的测量误差均为 −5%；② 首、末端接地电阻设计值和单位长度直流电阻设计值的相对误差均为 5%，短路、开路直流电阻的测量误差均为 −5%；③ 首、末端接地电阻设计值和单位长度直流电阻设计值的相对误差均为 −5%，短路、开路直流电阻的测量误差均为 5%；④ 首、末端接地电阻设计值和单位长度直流电阻设计值的相对误差均为 5%，短路直流电阻的测量误差为 5%，开路直流电阻的测量误差为 −5%。

其中，测量误差均设为正（负），主要考虑线路所处环境的温度一致，测量值均随温度变化出现一致的偏大或偏小；而当线路长度较长时，沿线的环境温度各不相同，测量值的误差会各有差异，因此将短路直流电阻的测量误差设为 5%，开路直流电阻的测量误差设为 −5%。误差分析如图 8−12 所示。

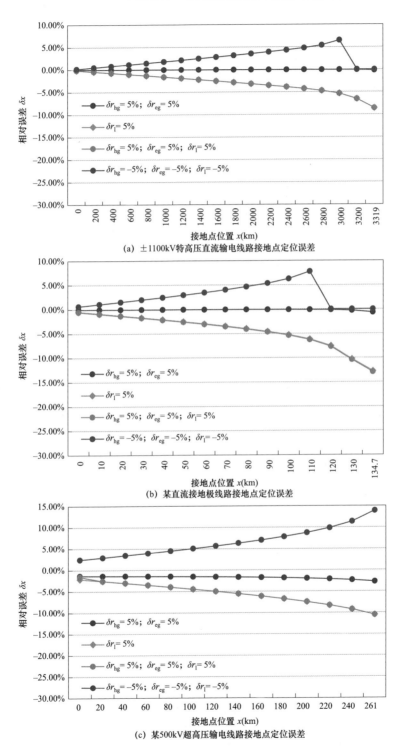

(a) ±1100kV特高压直流输电线路接地点定位误差

(b) 某直流接地极线路接地点定位误差

(c) 某500kV超高压输电线路接地点定位误差

图8-11 接地点定位相对误差分析

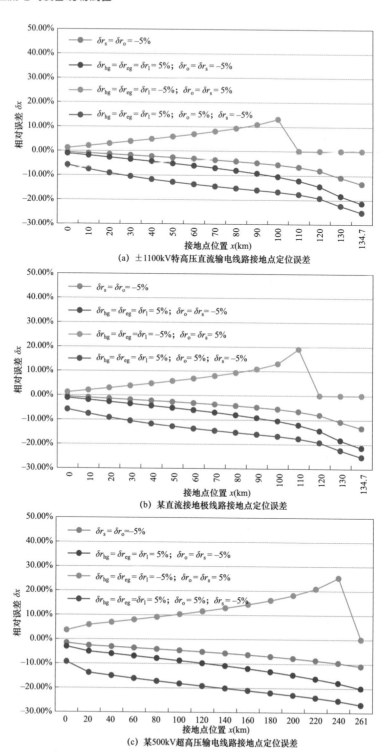

(a) ±1100kV特高压直流输电线路接地点定位误差

(b) 某直流接地极线路接地点定位误差

(c) 某500kV超高压输电线路接地点定位误差

图 8-12　考虑直阻测量误差下的接地点定位相对误差分析

当仅考虑回路直流电阻的测量误差时，定位误差最大值分别为 −9.93%、−13.41%、−11.02%；当同时考虑线路设计误差时，对于设计误差为 +5%、测量误差为 −5%和设计误差为 −5%、测量误差为 +5%的两种情况，定位误差均增大至 −20.00%左右；当考虑线路设计误差时，开路、短路直流电阻测量值分别为 5%、−5%时，定位误差最大达到 −20.54%、−25.20%、−26.84%，定位距离的偏差分别达到 −681.83、−33.95、−70.06km，难以满足应用需求。

（5）误差分析结论。根据上述误差分析，可以得出以下结论：

1）回路直流电阻定位法设计误差的主要影响因素是线路单位长度的直流电阻，受变电站接地网接地电阻的误差影响较小。这是因为全线的直流电阻一般要远大于接地网的接地电阻。

2）回路直流电阻定位法的定位误差受测量误差的影响较为明显，同时考虑设计误差时，测量误差会继续增大。当测量值的相对误差均为 ±5%时，定位误差会达到 10%左右。当考虑 ±5%的设计误差时，测量误差会达到 20%左右。

3）当测量值的相对误差各不相等，同时考虑设计误差时，回路直流电阻定位法的定位误差会继续增大。

2. **回路直流电阻定位法的改进优化与精度提升**

为了消除线路参数的设计误差，可以采取增加求解方程的数量，将全线的直流电阻作为未知参数进行求解，进而避免因线路参数设计误差引起的定位误差。为了降低测量误差对定位精度的影响，同时在首、末两端测量线路的回路直流电阻参数。主要改进思路有以下两种：第一，首端测量，即分别在首端测量末端开路直流电阻、末端短路接地的直流电阻、末端串联恒值电阻的直流电阻；第二，首、末两端测量，即在首端测量末端开路直流电阻、末端短路直流电阻，在末端测量首端开路的直流电阻。

（1）优化改进方法 1：末端串联恒值电阻。

1）基本原理。当线路末端开路时，相当于在末端串联了一个无穷大的电阻；当末端短路接地时，相当于串联了一个零值电阻。同理，可以在末端串联适当大小的恒值电阻，增加定位方程的数量，将线路的直流电阻参数作为未知量进行求解，避免因线路直流电阻参数引入的误差。改进的回路直流电阻定位法的原理如图 8-13 所示。

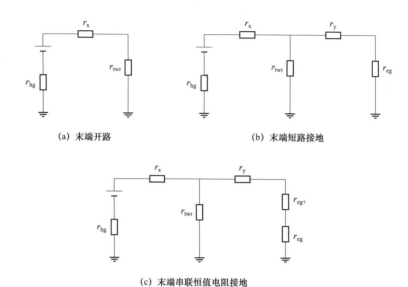

(a) 末端开路　　　　　　　　　　　(b) 末端短路接地

(c) 末端串联恒值电阻接地

图 8-13　改进的回路直流电阻定位法的原理（改进方法 1）

其定位方程为

$$
\begin{cases}
r_{\text{o}} = r_{\text{hg}} + r_{\text{x}} + r_{\text{twr}} \\[2mm]
r_{\text{s1}} = r_{\text{hg}} + r_{\text{x}} + \dfrac{r_{\text{twr}}(r_{\text{y}} + r_{\text{eg}})}{r_{\text{twr}} + r_{\text{y}} + r_{\text{eg}}} \\[4mm]
r_{\text{s2}} = r_{\text{hg}} + r_{\text{x}} + \dfrac{r_{\text{twr}}(r_{\text{y}} + r_{\text{eg+}} + r_{\text{eg}})}{r_{\text{twr}} + r_{\text{y}} + r_{\text{eg+}} + r_{\text{eg}}}
\end{cases}
\tag{8-33}
$$

式中　　$r_{\text{eg+}}$——末端串联的恒值电阻，且 $r_1 = r_{\text{x}} + r_{\text{y}}$。

求解式（8-33）可得

$$
\begin{cases}
r_{\text{x}} = r_{\text{o}} - r_{\text{hg}} - r_{\text{twr}} \\[2mm]
r_{\text{twr}} = \sqrt{\dfrac{r_{\text{eg+}}' r_{\text{s2}}' r_{\text{s1}}'}{r_{\text{s1}}' - r_{\text{s2}}'}} \\[4mm]
r_{\text{y}} = \dfrac{r_{\text{twr}}^2}{r_{\text{s1}}'} - r_{\text{twr}} - r_{\text{eg}}
\end{cases}
\tag{8-34}
$$

其中，$r_{\text{s1}}' = r_{\text{o}} - r_{\text{s1}}$；$r_{\text{s2}}' = r_{\text{o}} - r_{\text{s2}}$；$r_{\text{eg+}}' = r_{\text{eg+}} + r_{\text{eg}}$。

2）误差合成。根据误差的合成理论，改进的回路直流电阻定位法的误差合成公式为

$$\Delta r_{\mathrm{x}} = \frac{\partial r_{\mathrm{x}}}{\partial r_{\mathrm{o}}}\Delta r_{\mathrm{o}} + \frac{\partial r_{\mathrm{x}}}{\partial r_{\mathrm{s1}}}\Delta r_{\mathrm{s1}} + \frac{\partial r_{\mathrm{x}}}{\partial r_{\mathrm{s2}}}\Delta r_{\mathrm{s2}} \qquad (8-35)$$

其中

$$\begin{cases} \dfrac{\partial r_{\mathrm{x}}}{\partial r_{\mathrm{o}}} = 1 - \dfrac{1}{2}\sqrt{r_{\mathrm{g+}}}[(r_{\mathrm{o}}-r_{\mathrm{s2}})^{-1} - (r_{\mathrm{o}}-r_{\mathrm{s1}})^{-1}]^{-\frac{3}{2}}[(r_{\mathrm{o}}-r_{\mathrm{s2}})^{-2} - (r_{\mathrm{o}}-r_{\mathrm{s1}})^{-2}] \\[3mm] \dfrac{\partial r_{\mathrm{x}}}{\partial r_{\mathrm{s1}}} = -\dfrac{1}{2}\sqrt{r_{\mathrm{g+}}}[(r_{\mathrm{o}}-r_{\mathrm{s2}})^{-1} - (r_{\mathrm{o}}-r_{\mathrm{s1}})^{-1}]^{-\frac{3}{2}}(r_{\mathrm{o}}-r_{\mathrm{s1}})^{-2} \\[3mm] \dfrac{\partial r_{\mathrm{x}}}{\partial r_{\mathrm{s2}}} = \dfrac{1}{2}\sqrt{r_{\mathrm{g+}}}[(r_{\mathrm{o}}-r_{\mathrm{s2}})^{-1} - (r_{\mathrm{o}}-r_{\mathrm{s1}})^{-1}]^{-\frac{3}{2}}(r_{\mathrm{o}}-r_{\mathrm{s2}})^{-2} \end{cases}$$

3）误差分析。根据误差合成公式，分别考虑回路直流电阻测量值的相对误差相等、不等两种情况，并调整误差大小，分析改进的回路直流电阻法的定位精度。回路直流电阻测量值的相对误差分别取：① 末端短路、开路、串联恒值电阻的直流电阻测量误差均为 5%；② 末端短路、开路、串联恒值电阻的直流电阻测量误差均为 −5%；③ 末端短路、开路、串联恒值电阻的直流电阻测量误差均为 10%；④ 末端短路、开路、串联恒值电阻的直流电阻测量误差均为 −10%；⑤ 末端短路的直流电阻测量误差为 2.5%，末端开路的直流电阻测量误差为 −2.5%，末端串联恒值电阻的直流电阻测量误差为 −2.5%。

分别以 ±1100kV 特高压直流输电线路、某直流接地极线路、某 500kV 超高压输电线路为例，将上述回路直流电阻的测量误差及线路参数代入误差合成公式，计算改进的回路直流电阻定位法的相对误差，如图 8−14 所示。

当回路直流电阻测量值的相对误差均为 ±5% 时，接地点定位误差可以保持在 3% 以内；当回路直流电阻测量值的相对误差均为 ±10% 时，定位误差可以保持在 6% 以内，表明该方法对于因环境温度引起的回路直流电阻测量误差具有较好的抑制效果。

但是，当回路直流电阻测量值的相对误差不等时，接地点定位精度大幅度降低，并且线路越长，误差越大。误差分析如图 8−15 所示。

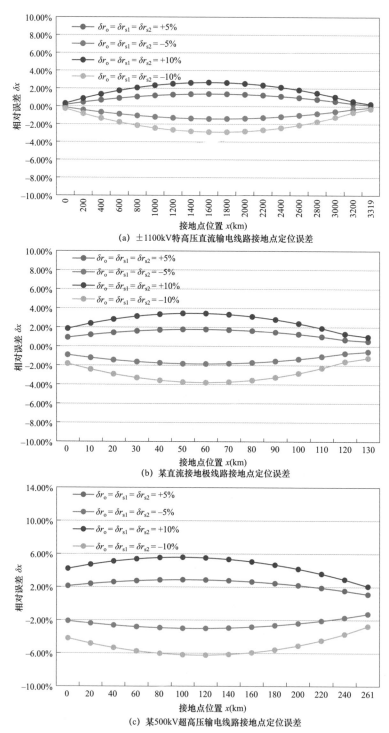

(a) ±1100kV特高压直流输电线路接地点定位误差

(b) 某直流接地极线路接地点定位误差

(c) 某500kV超高压输电线路接地点定位误差

图 8-14　串联电阻后接地点定位误差分析

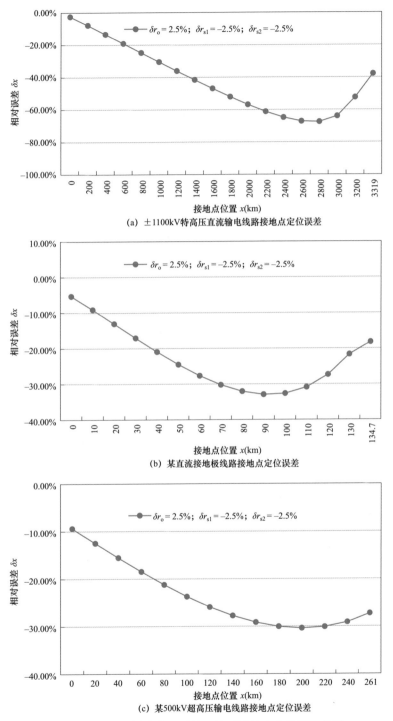

(a) ±1100kV特高压直流输电线路接地点定位误差

(b) 某直流接地极线路接地点定位误差

(c) 某500kV超高压输电线路接地点定位误差

图8-15 回路直流电阻误差不等时接地点定位误差分析

根据上述误差分析，可以得出以下结论：

第一，当回路直流电阻测量值的相对误差相等时，该方法定位精度较高，可达到 3%（测量值的相对误差为 ±5%），适用于较短的线路。这主要是因为其所处的环境基本一致，因温度变化引起的测量误差也基本相同。

第二，当回路直流电阻测量值的相对误差不等时，接地点定位精度大幅度降低。该方法不适用于较长的线路，以及线路干扰较大、测量误差较大的线路。

（2）优化改进方法 2：两端测量。

1）基本原理。在首端测量线路的回路直流电阻，受线路所处环境温度各不相同等因素的影响，测量值的相对误差有一定差异，会导致定位精度大幅度降低。为了降低测量误差的影响，通过在首、末两端同时测量线路回路直流电阻，增加方程的冗余度，减小测量误差的影响。改进的回路直流电阻定位法的原理如图 8-16 所示。

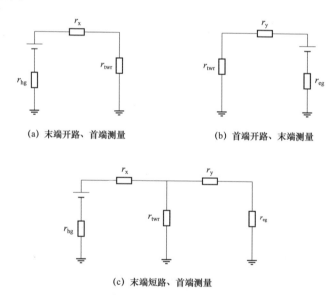

(a) 末端开路、首端测量　　(b) 首端开路、末端测量

(c) 末端短路、首端测量

图 8-16　改进的回路直流电阻定位法的原理（改进方法 2）

其定位方程为

$$
\begin{cases}
r_{o1} = r_{hg} + r_x + r_{twr} \\
r_{o2} = r_g + r_y + r_{twr} \\
r_{s1} = r_{hg} + r_x + \dfrac{r_{twr}(r_y + r_g)}{r_{twr} + r_y + r_g}
\end{cases}
\tag{8-36}
$$

式中 r_{o1}——末端开路、首端测量的回路直流电阻；

r_{o2}——首端开路、末端测量的回路直流电阻；

r_{s1}——末端短路、首端测量的回路直流电阻，且 $r_1 = r_x + r_y$。

求解式（8-36）可得

$$\begin{cases} r_{twr} = \sqrt{r_{o2}(r_{o1} - r_{s1})} \\ r_x = r_{o1} - r_{twr} - r_{hg} \\ r_y = r_{o2} - r_{twr} - r_g \end{cases} \quad (8-37)$$

2）误差合成。根据误差的合成理论，改进的回路直流电阻定位法的误差合成公式为

$$\Delta r_x = \frac{\partial r_x}{r_{o1}}\Delta r_{o1} + \frac{\partial r_x}{r_{o2}}\Delta r_{o2} + \frac{\partial r_x}{r_{s1}}\Delta r_{s1} \quad (8-38)$$

其中

$$\begin{cases} \dfrac{\partial r_x}{r_{o1}} = 1 - \dfrac{1}{2}r_{o2}[r_{o2}(r_{o1} - r_{s1})]^{-\frac{1}{2}} \\ \dfrac{\partial r_x}{r_{o2}} = -\dfrac{1}{2}(r_{o1} - r_{s1})[r_{o2}(r_{o1} - r_{s1})]^{-\frac{1}{2}} \\ \dfrac{\partial r_x}{r_{s1}} = \dfrac{1}{2}r_{o2}[r_{o2}(r_{o1} - r_{s1})]^{-\frac{1}{2}} \end{cases}$$

3）误差分析。根据误差合成公式，分别考虑回路直流电阻测量值的相对误差相等、不等两种情况，并调整相对误差大小，分析改进的回路直流电阻法的定位精度。回路直流电阻测量值的相对误差分别取：① 末端短路直流电阻误差为 5%，末端开路直流电阻误差为 5%，首端开路直流电阻误差为 5%；② 末端短路直流电阻误差为 2.5%，末端开路直流电阻误差为 0%，首端开路直流电阻误差为 -2.5%；③ 末端短路直流电阻误差为 2.5%，末端开路直流电阻误差为 0%，首端开路直流电阻误差为 2.5%；④ 末端短路直流电阻误差为 -2.5%，末端开路直流电阻误差为 0%，首端开路直流电阻误差为 2.5%；⑤ 末端短路直流电阻误差为 2.5%，末端开路直流电阻误差为 2.5%，首端开路直流电阻误差为 -2.5%。

分别以 ±1100kV 特高压直流输电线路、某直流接地极线路、某 500kV 超高压输电线路为例，将上述回路直流电阻的测量误差及线路参数代入误差合成公式，计算改进的回路直流电阻定位法的相对误差，如图 8-17 所示。

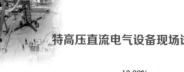

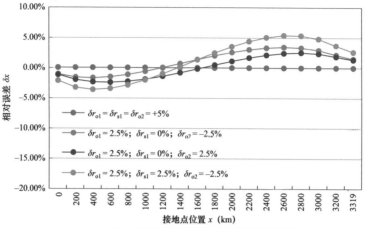

(a) ±1100kV特高压直流输电线路接地点定位误差

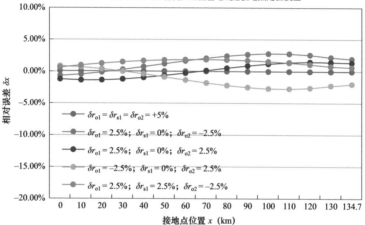

(b) 某直流接地极线路接地点定位误差

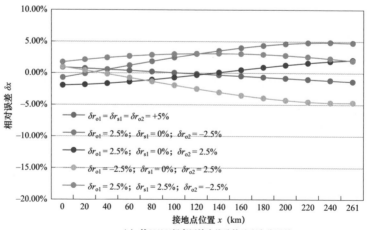

(c) 某500kV超高压输电线路接地点定位误差

图 8-17 双端测量法接地点定位误差分析

当回路直流电阻测量值的相对误差均为 5%时，接地点定位误差可以保持在 1.5%以内；当回路直流电阻测量值的相对误差分别为±2.5%（四种组合）时，三种线路模型定位误差的最大值分别为 5.36%、2.79%、4.82%。

由于存在线路干扰以及环境温度不同，回路直流电阻测量值存在一定的随机误差，若这些因素引起的测量值相对误差的绝对值均小于 2.5%，改进方法的定位精度可以达到 5%。

（3）误差分析结论和适用范围。

1）根据上述误差分析，可以得出以下结论：

第一，优化改进方法 2（两端测量）的定位精度最高，对于回路直流电阻测量值的随机误差、环境温度引起的测量误差等均具有较好的抑制效果。

第二，当回路直流电阻测量值的相对误差相等时，优化改进方法 1（末端串联恒值电阻）的方法具有较高的定位精度。

2）根据误差的来源及其特征，上述定位方法的适用范围为：

第一，回路直流电阻定位法的优化改进方法 1（末端串联恒值电阻）适用于长度较短，并且线路干扰较小的线路。回路直流电阻定位法（末端开路/短路）可以用于对优化改进方法 1 的补充校核。

第二，回路直流电阻定位法的优化改进方法 2（两端测量）适用于两端均具备测量条件的线路。该方法定位精度最高，可优先采用。

8.2.4　接地点个数判定

由于线路上临时接地点的数量不定，可能存在任意数量的临时接地点。为了确定临时接地点的个数，可以在线路两端测量回路直流电阻，比较回路直流电阻的差异及大小，进而确定线路是否存在多个临时接地点。

1. 判定准则 1

当线路上仅存在一个临时接地点时，在线路对端开路的情况下，分别在线路首、末两端测量回路的开路直流电阻，如图 8−18 所示。回路直流电阻的测量公式分别为

$$\begin{cases} r_{o1} = r_{hg} + r_x + r_{twr} \\ r_{o2} = r_g + r_y + r_{twr} \end{cases} \tag{8−39}$$

式中　r_{o1}——末端开路、首端测量的回路直流电阻；

$\quad\quad r_{o2}$——首端开路、末端测量的回路直流电阻。

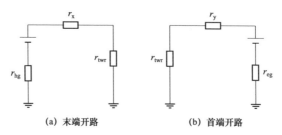

(a) 末端开路　　　　　　　(b) 首端开路

图 8-18　接地点数量判定（判定准则 1）

由式（8-39）可推导得

$$r_{o1} = r_{hg} + r_x + r_{twr} \rightarrow r_x < r_{o1} \qquad （8-40）$$

$$r_{o2} = r_g + r_y + r_{twr} \rightarrow r_y < r_{o2} \qquad （8-41）$$

由式（8-40）和式（8-41）可得

$$r_x + r_y < r_{o1} + r_{o2} \qquad （8-42）$$

而 $r_1 = r_x + r_y$，因此可得

$$r_1 < r_{o1} + r_{o2} \qquad （8-43）$$

当上述条件不满足时，架空线路上存在两个或两个以上的临时接地点。

2. 判定准则 2

当线路上仅存在一个临时接地点时，在线路对端短路接地的情况下，分别在线路首、末两端测量回路直流电阻，如图 8-19 所示。回路直流电阻的测量公式分别为

$$\begin{cases} r_{s1} = r_{hg} + r_x + \dfrac{r_{twr}(r_y + r_g)}{r_{twr} + r_y + r_g} \\[3mm] r_{s2} = r_g + r_y + \dfrac{r_{twr}(r_x + r_{hg})}{r_{twr} + r_x + r_{hg}} \end{cases} \qquad （8-44）$$

式中　　r_{s1}——末端短路、首端测量的回路直流电阻；

　　　　r_{s2}——首端短路、末端测量的回路直流电阻。

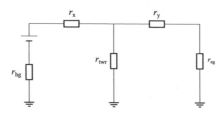

图 8-19　接地点数量判定（判定准则 2）

由式（8-44）推导可得

$$r_{s1} = r_{hg} + r_x + \frac{r_{twr}(r_y + r_g)}{r_{twr} + r_y + r_g} \rightarrow r_x < r_{s1} \qquad (8-45)$$

$$r_{s2} = r_g + r_y + \frac{r_{twr}(r_x + r_{hg})}{r_{twr} + r_x + r_{hg}} \rightarrow r_y < r_{s2} \qquad (8-46)$$

由式（8-45）和式（8-46）可得

$$r_x + r_y < r_{s1} + r_{s2} \qquad (8-47)$$

而 $r_1 = r_x + r_y$，因此可得

$$r_1 < r_{s1} + r_{s2} \qquad (8-48)$$

当上述条件不满足时，架空线路上存在两个或两个以上的临时接地点。

3. 判定准则 3

当线路上仅存在一个临时接地点时，在线路首、末两端测量回路直流电阻，可以获得 4 个方程。采用改进的回路直流电阻定位法（两端测量），分别取其中 3 个方程进行求解，可得

$$\begin{cases} r_{o1} = r_{hg} + r_x + r_{twr} \\ r_{o2} = r_g + r_y + r_{twr} \\ r_{s1} = r_{hg} + r_x + \dfrac{r_{twr}(r_y + r_g)}{r_{twr} + r_y + r_g} \end{cases} \qquad (8-49)$$

其中

$$r_1 = r_x + r_y \rightarrow \begin{cases} r_{twr} = \sqrt{r_{o2}(r_{o1} - r_{s1})} \\ r_x = r_{o1} - r_{twr} - r_{hg} \\ r_y = r_{o2} - r_{twr} - r_g \end{cases}$$

$$\begin{cases} r_{o1} = r_{hg} + r_x + r_{twr} \\ r_{o2} = r_g + r_y + r_{twr} \\ r_{s2} = r_g + r_y + \dfrac{r_{twr}(r_x + r_{hg})}{r_{twr} + r_x + r_{hg}} \end{cases} \qquad (8-50)$$

其中

$$r_1 = r_x + r_y \rightarrow \begin{cases} r_{twr} = \sqrt{r_{o1}(r_{o2} - r_{s2})} \\ r_x = r_{o1} - r_{twr} - r_{hg} \\ r_y = r_{o2} - r_{twr} - r_g \end{cases}$$

当线路上仅有一个临时接地点时，上述定位方程的求解结果应该相等。当上述条件不满足时，架空线路上存在两个或两个以上的临时接地点。

4. 判定规则选取

根据线路上临时接地点的数量，以及临时接地点距离的差异，可以灵活选取上述 3 种判别准则，核定线路上的临时接地点数量：

（1）当线路上多个临时接地点的距离较远时，优先采用判定准则 1，并采用判别准则 3 进行补充判定。

（2）当线路上多个临时接地点的距离较近时，优先采用判定准则 2，并采用判别准则 3 进行补充判定。

8.3 试 验 装 备

8.3.1 直流输电线路频率特性测试装备

直流输电线路频率特性测试装备是进行直流输电线路和接地极线路参数试验的主要测试仪器，其测试结果的准确度直接关系着线路的运行安全。直流输电线路参数与工频线路参数测试存在较大差异，其中直流输电线路参数测试的核心内容是线路阻抗的频率特性测试，需要装置输出频率为 30～2500Hz 的扫频电流，以达到绘制线路阻抗、电容的频率特性曲线的目的。

直流输电线路频率特性测试装备由变频功率单元、测量控制单元、分析处理单元和安全防护单元等四部分组成，如图 8-20 所示。主机采用手动调频或自动调频方式，向被测线路施加 30～2500Hz 频率范围的激励信号，通过测量线路端口的电压、电流的相位和幅值，实现对 DL/T 1566—2016《直流输电线路及接地极线路参数测试导则》规定的电阻频率特性、电感频率特性和电容量的测量。

图 8-20 直流输电线路频率特性测试装备

8.3.2 输电线路接地点精确定位装置

以 FY-LGT01 输电线路接地点精确定位仪为例，通过其可改变输电线路的回路结构，测量输电线路对地直流电阻，获得多个回路直流电阻测量方程，联立求解得到线路临时接地点位置、接地点的接地电阻和线路直流电阻等未知参数。

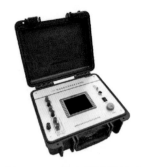

图 8-21 输电线路接地点
精确定位装置

输电线路接地点精确定位装置如图 8-21 所示，其在测量原理上避免了线路工频参数及互感耦合等影响的因素，消除了电源端接地电阻、接地点接地电阻与线路直流电阻引起的定位误差。该装置具有抗工频干扰、定位精度高、测量方法简便可行等特点，适用于不同长度的交流、直流架空输电线路临时接地点的定位。

8.4 标 准 解 读

特高压直流输电线路参数测试要求和仪器要求应符合 DL/T 1566—2016《直流输电线路及接地极线路参数测试导则》的规定。

8.4.1 测试要求

特高压直流线路参数测试准备项目包含：① 感应电压、感应电流；② 极性校核、绝缘电阻和直流电阻测量。

频率特性测试项目包含：① 正序电阻、零序电阻的频率特性；② 正序电感、零序电感的频率特性；③ 正序电容、零序电容；④ 回路之间的耦合电感和耦合电容（同杆或并行线路测量项目）。

8.4.2 仪器要求

（1）工作条件。工作条件应符合以下要求：

工作温度：-10～+50℃；

相对湿度：≤90%；

电源频率：50Hz（1±1%）；

电源电压：单相 220V（1±10%），或三相 380V（1±10%）。

注意：在其他特殊环境条件下使用时，由用户与制造商协商确定。

（2）安全性能。测试仪交流电源输入端、输出端对机壳及地之间，各端子之间的绝缘电阻不应小于 20MΩ。电源输入端、输出端对机壳及地之间应能耐受 2kV 的工频电压 1min，应无击穿、飞弧现象。保护功能应符合如下要求：

1）具备过电压保护功能。可设定输出电压保护值，当电压信号测量端口电压达到设定值时，能切断输出，将输出端子对地短路，并给出保护动作信息。

2）具备过电流保护功能。可设定输出电流保护值，当电流信号测量端口电流达到设定值时，能切断输出，将输出端子对地短路，并给出保护动作信息。

3）具备抑制感应电功能。为防止线路感应电对设备及人员造成伤害，测试仪内应配置安全防护单元（隔离单元），保护性能满足 DL/T 1566—2016 中附录 A 的要求。

（3）测试电源。测试电源为三相电源，电源频率在 45～55Hz。变频功率单元输出特性参数应符合表 8-1 的要求。

表 8-1　　　　　　　　　　变频功率单元输出特性参数要求

序号	参数名称		性能要求
1	电压	范围	≥300V
2		稳定度	≤1%设定值/min
3		调节细度	≤0.1V
4		失真度	≤5%
5	电流	额定值	≥3A
6	频率	范围	30～2500Hz
7		频率扫描方式	自动/手动
8		稳定度	≤0.1%设定值/min
9		调节细度	0.01Hz
10	负载功率		$\cos\varphi=1$ 时，≥3kW
11	工作时间		连续不小于 4h

（4）测量性能要求。测试仪的主要测量性能应符合表 8-2 的要求。

表 8-2　　　　　　　　　　测试仪的主要测量性能要求

序号	参数名称		性能要求	
1	电压	量程	100V 挡	1000V 挡
2		分辨力	0.1V	1V
3		最大允许误差	±（0.4%读数＋0.1%量程）	

续表

序号	参数名称		性能要求		
4	电流	量程	0.1A 挡	1A 挡	10A 挡
5		分辨力	0.001A	0.01A	0.1A
6		最大允许误差	±（0.4%读数＋0.1%量程）		
7	频率	范围	30～2500Hz		
8		分辨力	0.01Hz		
9		最大允许误差	±0.1%读数		
10	相位	范围	$-90.00°\sim90.00°$		
11		分辨力	0.01°		
12		最大允许误差	±0.2°		

8.5　工　程　应　用

以某±1100kV 特高压直流工程线路参数测试为例开展现场应用，该线路全长约 3319km。

8.5.1　感应电压测试

1. 末端开路条件下的感应电压测试

将极 Ⅰ、极 Ⅱ线路末端悬空，在首端测试感应电压，接线方法如图 8-22 所示。将阻容分压器接入被试线路后，使用绝缘操作杆将首端及末端隔离开关断开，使末端线路悬空。利用阻容分压器测试极 Ⅰ线路末端开路条件下的感应电压。测试完毕后，记录感应电压交、直流分量。随后将极 Ⅰ首端悬空，测试极 Ⅱ线路末端开路条件下的感应电压。

利用阻容分压器完成感应电压测试后，闭合首端接地开关；将阻容分压器从被试线路断开后，再次断开首端接地开关，使用静电电压表再次进行感应电压试验并进行对比。

极 Ⅰ感应电压：$U_{\mathrm{I}}=476\mathrm{V}$。

极 Ⅱ感应电压：$U_{\mathrm{II}}=540\mathrm{V}$。

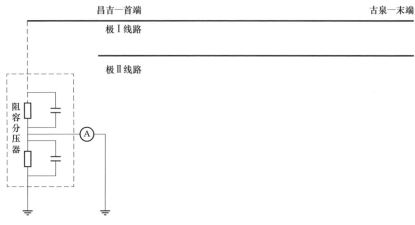

图 8-22　末端开路条件下的感应电压测试

2. 末端短路条件下的感应电压测试

使用绝缘操作杆闭合末端接地开关，将极Ⅰ、极Ⅱ线路末端短路接地，在首端测试感应电压，接线方法如图 8-23 所示。利用阻容分压器测试极Ⅰ线路末端短路条件下的感应电压，测试完毕后，将极Ⅰ首端悬空，测试极Ⅱ线路末端短路条件下的感应电压。测试完毕后，记录感应电压交、直流分量。

利用阻容分压器完成感应电压测试后，使用静电电压表再次进行感应电压测试并进行对比。

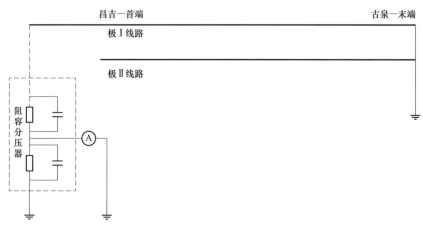

图 8-23　末端短路条件下的感应电压测试

极Ⅰ感应电压：$U_\text{I} = 890\text{V}$。

极Ⅱ感应电压：$U_\text{II} = 1170\text{V}$。

8.5.2 极性校核

如图 8-24（a）所示，将极 I 线路末端接地，极 II 线路首端、末端接地，极 I 首端施加直流电源，测试电流 I_1。

随后将极 I 线路末端悬空，如图 8-24（b）所示，极 I 首端施加直流电源，测试电流 I_2。

当 $I_1 \neq 0$ 且 $I_2 \approx 0$ 时，极 I 线路极性正确；当 $I_1 \approx I_2 \neq 0$ 时，极 I 线路存在接地点，极 I 线路可能极性标识错误或与极 II 线路之间存在端节点；当 $I_1 \approx I_2 \approx 0$ 时，极 I 线路存在断点。

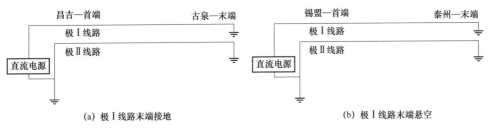

(a) 极 I 线路末端接地　　　　　(b) 极 I 线路末端悬空

图 8-24 极 I 线路极性校核

极 II 线路的极性校核参照极 I 线路执行。

极 I 、极 II 极性正确，测试时线路中无接地点。

8.5.3 直流电阻测量

线路全长 3319km，导线采用 8×JL1/G3A-1250/70 钢心铝绞线。根据 JL1/G3A-1250/70 导线设计电阻 $\rho = 0.023\Omega/km$ 计算得

$$R = \rho L = 0.023 \times 3319/8 = 9.542(\Omega)$$

线路直流电阻测量接线如图 8-25 所示，末端两极短路接地。

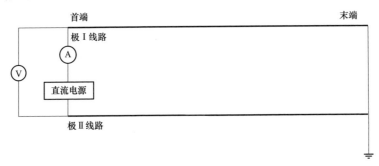

图 8-25 线路直流电阻测量接线

极 I：$R_1 = 9.61\Omega$。

极 II：$R_{II} = 9.61\Omega$。

8.5.4 阻抗频率特性参数

1. 参数选取原则

进行频率特性测试时，频率 f 的选取原则如下：

（1）测试频率的范围为 30～2500Hz。

（2）频率间隔点为 30Hz，即测试频率为 30、60、90、120、…、2520Hz。

（3）若选择的测试点频率干扰较大而无法测试时，可在该频率附近选择其他测试点，并适当增加测试点。

2. 测量接线方式

在首端极 I 线路和极 II 线路间接入线路参数测试系统及电源。首先如图 8-26（a）所示，将极 I 线路和极 II 线路的末端短接，测试其短路阻抗；然后如图 8-26（b）所示，将极 I 和极 II 线路末端开路，测试其开路阻抗。

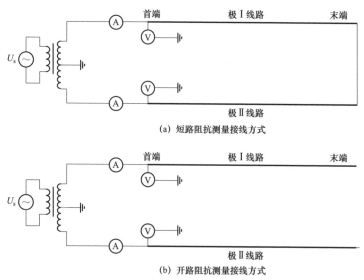

（a）短路阻抗测量接线方式

（b）开路阻抗测量接线方式

图 8-26　两相正序参数测量接线方法

3. 两相正序参数

两相正序频率特性计算结果拟合后的频率特性曲线如图 8-27 和图 8-28 所示。

4. 两相零序参数

两相零序频率特性计算结果拟合后的频率特性曲线如图 8-29 和图 8-30 所示。

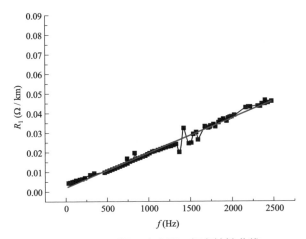

图 8-27　两相正序电阻-频率特性曲线

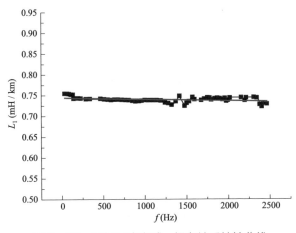

图 8-28　两相正序电感-频率关系特性曲线

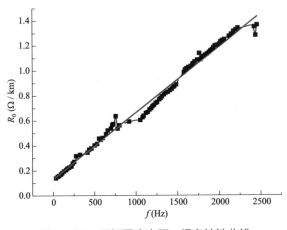

图 8-29　两相零序电阻-频率特性曲线

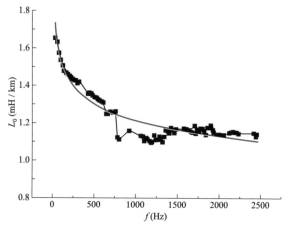

图 8-30 两相零序电感-频率特性曲线

参 考 文 献

[1] 中国南方电网有限责任公司超高压输电公司检修试验中心. 输电线路参数测量方法与计算 [M]. 北京：中国电力出版社，2020.

[2] 王钢，李志铿，李海锋. ±800kV 特高压直流输电线路暂态保护 [J]. 电力系统自动化，2017（21）：40-43+48.

[3] 张保会，张嵩，尤敏，等. 高压直流线路单端暂态量保护研究 [J]. 电力系统保护与控制，2018，38（15）：18-23.

[4] 李爱民，蔡泽祥，任达勇，等. 高压直流输电控制与保护对线路故障的动态响应特性分析 [J]. 电力系统自动化，2018，33（11）：72-75+93.

[5] 胡宇洋，黄道春. 葛南直流输电线路故障及保护动作分析 [J]. 电力系统自动化，2017（8）：102-107.

[6] 伍文聪，姜静，余涛，等. 配电网临时接地线检测方法的研究 [J]. 电力系统保护与控制，2012，40（23）：151-155.

[7] 程乐峰，姜静，陈亮，等. 配网临时挂接地线接地电阻检测试验研究 [J]. 新型工业化，2016，6（6）：1-10.

[8] 国网山东省电力公司电力科学研究院，山东中实易通集团有限公司，国家电网公司. 一种特高压长距离输电线路接地点判断与定位方法：CN107688136A [P]. 2018-02-13。

第 9 章
换流阀低压加压试验技术

9.1 概　　述

要实现直流输电，必须将送端的交流电变换为直流电，此称为整流；而到受端后又必须将直流电变换为交流电，此称为逆变，它们统称为换流。实现这种电力变换的技术就是直流输电换流技术。由于直流输电的传输容量大、输电电压高，要实现这种电力变换，需要有高电压、大容量的换流设备，通常这种设备称为换流阀。因此，多年来业内对高电压、大功率的换流阀进行了大量的开发研制工作。20 世纪 50 年代，汞弧阀的问世，使得直流输电工程成现实；20世纪 70 年代以后，晶闸管换流阀使直流输电得到了很大发展；20 世纪 90 年代以来，新型大功率半导体器件（如 IGBT、IGCT 和碳化硅元件等）的应用，促使直流输电进一步发展和应用。直流输电技术的发展与换流技术的发展有着密切的关系，其中大功率换流器件起着关键的作用。

换流阀是直流输电系统中的核心部件，其检查和试验项目包括以下内容：① 阀组件电容、均压电容的测量；② 均压电阻的测量；③ 晶闸管阀触发开通试验；④ 阀电抗器参数测量；⑤ 阀回路电阻值测量；⑥ 光缆传输功率测量；⑦ 阀避雷器试验；⑧ 水冷系统试验；⑨ 漏水报警和跳闸试验。

上述试验都是针对换流阀本体的单项试验。为了提前检查出控制保护系统存在的问题，加快换流站系统调试的进程，在直流换流站系统调试时，需要对换流变压器连同换流阀进行高压充电。换流阀低压加压试验是对换流变压器、换流阀以及控制保护系统构成的整体所进行的整组模拟试验。换流阀低压加压试验的目的在于验证换流阀以及控制保护系统工作的正确性，主要包括以下内容：① 检查施加到换流阀上的交流电压相序的正确性以及该交流电压与换流阀触发控制系统（CFC）同步控制电压的关系的正确性；② 确定换流阀各阀臂触发的对应关系和顺序的正确性；③ 换流阀的导通角与触发信号的关系的正确性；④ 控制系统移相触发关系的正确性；⑤ 对于误触发以及不触发的信号指示的正确性、保护动作的正确性等。

9.2 关 键 技 术

9.2.1 换流变压器网侧的试验回路连接

换流阀低压加压试验一般只需要直接连接一个电压约为400V的交流电压源到换流变压器的网侧即可。对于有些换流阀（可控硅元件参数较高时），为使施加到可控硅上的电压不至于过低（一般根据可控硅参数的不同，取100～200V），需要使用一个三相升压变压器（Yy0型）使电压升高到一定值。换流阀低压加压试验主回路的连接如图9-1所示。

在试验电源与CFC之间连接一个三相调压器。调压器的输出电压一般需调节到电压互感器二次端子的电压水平，约为110V的线电压水平，以便使输出到换流阀点火控制系统的电压值正确。试验时必须确保试验电压相序的正确性。试验前必须测量施加到换流变压器网侧的电压与输出到换流阀点火控制系统的电压之间的相角差。一般情况下该相角差不允许超过1°，如相角差为1°～2°，则结果分析时应考虑该相角差的影响。

试验时应将换流变压器的分接开关调至最大，以获得最高的阀电压 U_{dio}。

图9-2所示的试验电路接线情况是ABB公司调试文件中关于低压加压试验的试验接线图。在龙泉换流站的实际试验中发现，由于升压变压器的介入造成施加到换流变压器网侧的电压与输出到 CFC 的电压之间的相角差超出允许范围。为满足试验所要求的条件，决定采用图9-2所示的试验接线方式。

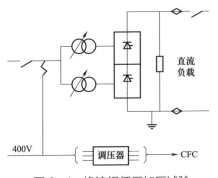

图9-1 换流阀低压加压试验
主回路的连接

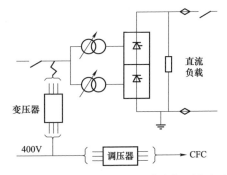

图9-2 换流阀低压加压试验实际试验时
采用的接线

该型号的可控硅在正向电压大于 33V 时可以触发导通，采用这种接线时可控硅上的电压略大于 100V，虽然不是很理想，但可以满足试验需求。实际试验结果表明，该接线形式下换流阀触发导通正常，触发角变动范围符合工程参数的要求。

9.2.2 换流阀试验回路的连接

低压加压试验时，输送到换流阀上的交流电压仅施加到每个阀臂的其中一个可控硅极上，其余的可控硅极用临时的跳线短接。在换流阀的极线与中性端之间连接一个直流负载，通常为一个电阻性加热器。试验时中性端接地。

9.2.3 换流阀点火控制系统的试验回路连接

将调压器输出连接至电容式电压互感器二次端子箱中的 CFC 端子；调整输出电压至 100V 线电压；核对相序。

9.2.4 控制保护的设置

由于试验时的电压及电流远小于正常运行值，为使控制保护系统能够正常运行，应进行一些模拟设置以使控制保护系统认为运行在正常工况下。

（1）换流阀控制系统的设置。检查换流阀控制系统的跳闸条件，采取相应设置以避免由于只有一个可控硅极运行而引起跳闸。

（2）保护的设置。采取相应的设置以避免由于很低的交直流电压引起保护动作。

（3）闭锁换流阀。不触发保护，避免由于只有一个可控硅极运行而造成保护动作。

9.3 试 验 装 备

9.3.1 选择装备参数并核算

换流阀低压加压试验的关键在于在试验前通过计算选择试验装备的参数。

根据换流阀及换流变压器的参数估算试验所需试验装备的容量及直流负载的大小。试验采用的直流电流 I_d 应尽可能小，但应能维持可控硅持续导通，一般该电流值为 2～10A。施加到可控硅上的电压 U_{th} 应尽可能小，但应能维持可控硅正常触发导通并允许一定的触发角变动范围，一般该电压值为 200～400V。

试验用三相交流电源的电压值可用式（9-1）计算，即

$$U_{th} = U_{ac}(U_{VN}/U_{aCN}) \tag{9-1}$$

式中　U_{ac}——施加的三相交流电源的线电压；

　　　U_{VN}——换流变压器阀侧的额定电压；

　　　U_{aCN}——换流变压器网侧的额定电压；

　　　U_{th}——施加到每个阀臂单只可控硅桥上的电压。

试验用直流负载 R_d 可用式（9-2）和式（9-3）计算，即

$$U_d \approx 1.3 U_{th} \tag{9-2}$$

$$R_d = U_d/I_d \tag{9-3}$$

负载功率可用式（9-4）计算，即

$$P_{负载} = R_d I_d^2 \tag{9-4}$$

按式（9-4）的计算值选取直流负载电阻时，应考虑一定的裕度并注意其绝缘性能满足试验电压的要求。

9.3.2　试验内容和步骤

1. 试验内容

换流阀低压加压试验内容主要包括：

（1）检查网侧电压的相序及阀侧电压的相序。

（2）施加触发脉冲，检查网侧电压与触发脉冲的相位关系。

（3）调节触发脉冲的角度，检查各个阀臂的触发角与触发脉冲的对应关系。

2. 试验步骤

换流阀低压加压试验步骤如下：

（1）按要求连接试验回路。

（2）打开换流变压器接地开关及阀厅接地开关。

（3）施加试验电压至换流变压器。

（4）检查调压器和试验电源的输出电压相序及相位差。

（5）未施加触发脉冲时，检查网侧交流母线电压与阀侧交流电压的相序关系。

（6）调整调压器输出电压至 110V 线电压。

（7）投入换流阀控制系统。

（8）闭锁直流电压保护、直流线路保护及延迟角保护。

（9）换流阀解锁，检查触发脉冲的时间（宽度、间隔）是否正确，触发脉冲与导通角的关系是否正确，各个阀臂是否正常导通；检查换流阀的可控硅指示是否正确，设置触发角为90°，然后逐步改变触发角为75°、60°、45°、30°、15°，直至换流阀不能触发导通，再逐步升高触发角直至换流阀不能触发导通（110°以上）。

（10）换流阀不触发试验，采用拔除光纤及倒换光纤的方式模拟换流阀不触发与误触发，检查控制保护系统是否发出正常动作与指示。

（11）试验结束。

9.4 工 程 应 用

9.4.1 工程简介及设备参数

向家坝—上海特高压直流输电示范工程西起向家坝±800kV F 换流站，东至上海±800kV FX 换流站。该工程采用±800kV 双极单回直流输电，线路总长度为1906.7km，输送功率为6400MW。±800kV F 换流站换流变压器为强迫油循环风冷、有载调压式单相双绕组形式，全站共 28 台，每极 12 台，Yy 和 Yd 换流变压器各有两台备用，每极换流变压器容量为3853.2MVA。每极由两组 12 脉波换流器串联而成，采用 6in（1in＝0.0254m）晶闸管技术。直流可控硅换流阀为悬吊式双重阀塔结构，每个阀厅内悬吊 6 个双重阀塔，全站共有 4 个阀厅。每个双重阀塔用悬吊式绝缘子吊在钢梁上，空气绝缘，用去离子水循环冷却。

Yy 和 Yd 型换流变压器的技术参数见表 9－1 和表 9－2。

表 9－1   Yy 型换流变压器的技术参数

序号	项目		参数
1	额定电压	网侧绕组	$530/\sqrt{3}$ kV
		阀侧绕组	$170.3/\sqrt{3}$ kV
2	设备最高稳态电压	网侧绕组	$530/\sqrt{3}$ kV
		阀侧绕组	$177.2/\sqrt{3}$ kV
3	额定容量		321.1MVA
4	有载调压分接范围		$+23/-5 \times 1.25\%$
5	形式		单相，双绕组，有载调压，油浸式

表 9－2　　　　　　　　　　Yd 型换流变压器技术参数

序号	项目		参数
1	额定电压	网侧绕组	$530/\sqrt{3}$ kV
		阀侧绕组	170.3kV
2	设备最高稳态电压	网侧绕组	$530/\sqrt{3}$ kV
		阀侧绕组	177.2kV
3	额定容量		321.1MVA
4	有载调压分接范围		$+23/-5\times1.25\%$
5	形式		单相，双绕组，有载调压，油浸式

每个双重阀由 2 个单阀串联而成，每个单阀由 2 个晶闸管组件串联而成，每个组件包括 2 个阀段。每个阀段由 15 只串联的晶闸管元件压装成的一个硅堆、串联的两个饱和电抗器，以及并联的一个冲击均压电容组成。

标称直流电流（I_{dN}）：4000A。

标称直流电压（U_{dRN}）：极线对中性线，直流 800kV。

整流连续运行时触发角 α 标称值：15°。

9.4.2　主回路参数计算和试验设备选择

1. 主回路参数计算

为了得到试验时的电源容量和电阻值，必须进行以下工作：

要使得输出直流电流 I_d 在能连续通过可控硅阀的前提下尽可能小，建议值为 $I_d=2\sim5A$。

换流阀的工作电压要使阀在正常运行中可以被触发的前提下尽可能小，建议值为 $U_{thyristor}=200\sim400V$。

可以用下面的近似公式，即

$$U_{thyristor}=U_{test}\frac{U_{VN}}{U_{aCN}} \tag{9－5}$$

$$U_d=\frac{3\sqrt{2}}{\pi}\times\cos15°U_{thyristor}\approx1.3U_{thyristor}\quad（每组 6 脉波桥）\tag{9－6}$$

$$R_d=U_d/I_{d(test)} \tag{9－7}$$

$$P_{resistor}=R_dI_d^2 \tag{9－8}$$

式中　U_{test}——试验中施加在换流变压器一次侧的线电压；

　　　U_{VN}——换流变压器阀侧的额定电压；

　　　U_{aCN}——换流变压器线路侧的额定电压。按照上述判据选择合适的电阻连接在可控硅阀的两侧，保证所选电阻容量满足要求。

电阻容量计算过程如下：

试验电压：$U_{\text{test}} = 2000\text{V}$。

试验要求最小电流：$I_{\text{d(test)}} = 2\text{A}$。

换流变压器网侧额定电压：$U_{\text{aCN}} = 530/\sqrt{3}\text{kV}$。

换流变压器阀侧 d 绕组额定电压：$U_{\text{valved}} = 170.3\text{kV}$。

换流变压器阀侧 Y 绕组额定电压：$U_{\text{valveY}} = 170.3/\sqrt{3}\text{kV}$。

换流变压器阀侧 Y 绕组电压：$U_{\text{thyrY}} = 2000 \times \dfrac{170.3/\sqrt{3}}{530/\sqrt{3}} = 643\,(\text{V})$。

换流变压器阀侧 d 绕组电压：$U_{\text{thyrd}} = \dfrac{2000}{\sqrt{3}} \times \dfrac{170.3/530}{\sqrt{3}} = 643\,(\text{V})$。

换流阀 Y 绕组输出电压：$U_{\text{dY}} = U_{\text{thyr}} \times \dfrac{3\sqrt{2}}{\pi} \times \cos 15° = 643 \times 1.3 = 836\,(\text{V})$。

换流阀 d 绕组输出电压：$U_{\text{dd}} = 643 \times 1.3 = 836\,(\text{V})$。

电阻：$R_{\text{d}} = (836 + 836)/2 = 836\,(\Omega)$。

电阻功率：$P_{\text{resistor}} = 836 \times 2^2 = 3344\,(\text{W})$。

2. 试验设备选择

根据计算结果选择合适的试验设备，主要参数如下：

（1）感应调压器：400kVA，400/0～450V。

（2）升压变压器：400kVA，400/14000V。

（3）自耦调压器：15kVA，400/0～400V。

（4）数字示波器：泰克 DPO4034。

（5）大功率电阻：4500Ω，3000W。

（6）直流电流表：直流 2.5A。

（7）相位仪。

9.4.3　试验前准备

（1）换流阀的临时安排。在每一个阀臂中，仅仅选择一个模块中的单只可控硅片进行交流充电试验，其余可控硅阀片用临时短接线短接。

（2）从测量交流电压的电容式电压互感器（CVT）到 CFC 的电压回路的临时安排。作为试验电源的三相交流电经自耦调压器与 CFC 连接，采用现有的交流电压测量装置和控制系统的二次回路连接；在 CVT 的连接箱中打开终端节点，按图 9-3 所示接入自耦调压器；调整调压器的输出电压，一般为 100V 的线电压。

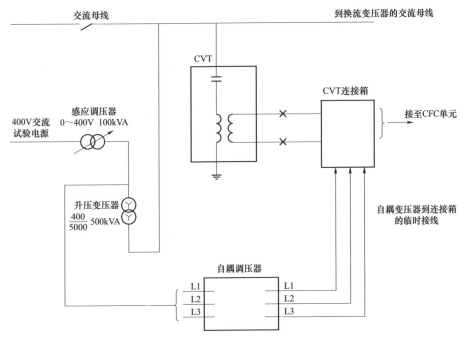

图 9-3　测量交流电压的 CVT 到 CFC 的电压回路单线图

（3）控制系统临时安排（换流阀控制系统厂家）。具体包括：

1）阀基电子设备（VBE）。① 500kV 侧的触发控制：VBE 送往极控系统的信号 VBE_OK 置高电平，阀解锁信号置高电平；② 换流器控制：采用 EP3 插件的调试软件 EP3IBS 连接到 EP3 插件上的串口。

2）改变触发角。500kV 侧的触发控制：删去连到功能块端子 CA_C1-CON20.XS 的线，删去连到功能块端子 CA_C1-CON20.FR 的线，并将功能块端子 CA_C1-CON20.FR 置为 0°；同时删去连到功能块端子 CA_C1-CON20.LL 的线，并将功能块端子 CA_C1-CON20.LL 置为 160°，通过改变功能块端子 CA_C1-CON20.XS 的值，可以产生 500kV 侧所需要的触发角。

测量的触发角和设定的触发角要一致，并且要稳定，触发脉冲的间隔应为 $30°\pm1°$。如果这些信号有差别，应检查换流变压器的连接形式 Yd11 在软件中是否被正确设定。

3）触发脉冲的释放。500kV 侧的触发控制：用 EP3IBS 删去连到 CA_C1-SB1501.ION 的线，并将 CA_C1-SB1501.ION 置为 1，脉冲将会送到 VBE。

4）分接头控制。将分接头控制切换到手动控制，手动调节分接头挡位，使 U_{dio} 的值最大。

（4）保护系统准备（换流阀控制系统厂家）。具体包括：

1）换流器保护。退出 500kV 侧交流低电压保护、换流器开路保护。

2）直流保护。退出直流低电压保护 1、直流低电压保护 2、两侧脉冲丢失保护。

9.4.4 试验流程

按图 9-4 所示完成 ±800kV F 换流站换流阀低压加压试验主回路接线。试验时在换流变压器线路侧直接接入 1 个约为 400V 的交流电源以及 1 台感应调压器和 1 台升压变压器即可满足可控硅阀导通的电压要求。另外，需要 1 台三相自耦调压器以供给满足 CFC 要求的电压。

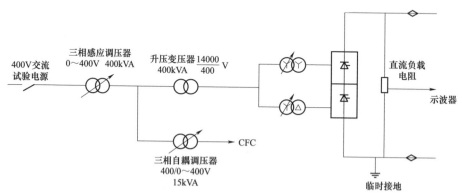

图 9-4 ±800kV F 换流站换流阀低压加压试验主回路接线

需要特别注意的是，到 CFC 的相序要正确。自耦调压器的二次侧和试验电源在换流变压器的一次侧相序的对应关系要正确，这在建立临时连接时必须仔细检查。

按如下步骤完成试验：

（1）按临时安排做好试验准备。

（2）打开换流变压器接地开关和阀厅的接地开关。

（3）连接试验电源并调整感应调压器到合适电压水平，对换流变压器充电。

（4）确定自耦调压器和升压变压器二次侧的相序关系。

（5）检查交流母线与阀两侧的电压相序（没有触发脉冲）。

（6）调整自耦变压器，使得二次侧线电压为100V。

（7）将换流变压器的一个控制系统设置为运行状态（当试验完成后换到另一个控制系统）。

（8）需要时解除直流电压异常保护、直流线路保护和角度过延时保护等一切与试验相关保护。

（9）在OWS单侧独立解锁，若此时RFO条件还不能满足，可以在极控软件中将PCIA应用于BSQ_BPPO页中，将RES_BPPO人为设为"FF"，进行解锁，选择$\alpha = 90°$（改变ALPHA_MAX值）并缓慢降低到60°。

（10）用数字示波器检查阀输出电压是否为典型的12脉波直流电压。

（11）试验结束后解除所有临时安排，具体如下：

1）当交流试验电压降到0后，断开试验电源并合上接地开关。

2）移除所有阀的临时电缆。

3）移除所有自耦变压器、CVT连接箱到CFC的临时电缆以及所有其他控制系统中的临时连接。

4）重新装载计算机软件并确认所有"临时安排"都被移除。

9.4.5　试验结果

±800kV F 换流站极 I 低端换流阀低压加压试验结果见表9-3。

表 9-3　　　±800kV F 换流站极 I 低端换流阀低压加压试验结果

参数	数值		
A 套控制系统			
感应调压器输出电压（V）	356		负载电阻 4500Ω
升压变压器输出电压（V）	12460		负载电阻 4500Ω
阀输出直流电流（A）	触发角 90°	1.07	波形见图 9-5
	触发角 60°	1.41	波形见图 9-6

续表

参数	数值	
B 套控制系统		
感应调压器输出电压（V）	356	负载电阻 4500Ω
升压变压器输出电压（V）	12460	
阀输出直流电流（A）	触发角 90°	1.07	波形见图 9－7
	触发角 60°	1.41	波形见图 9－8

通过对±800kV F 换流站极 I 低端换流阀低压加压试验结果和波形的分析可知：

（1）±800kV F 换流站极 I 低端的换流变压器高、低压侧相位检查结果正确。

（2）±800kV F 换流站极 I 低端网侧至 CFC 的同步电压相序、相位检查结果正确。

（3）±800kV F 换流站极 I 低端的可控硅触发顺序检查结果正确。

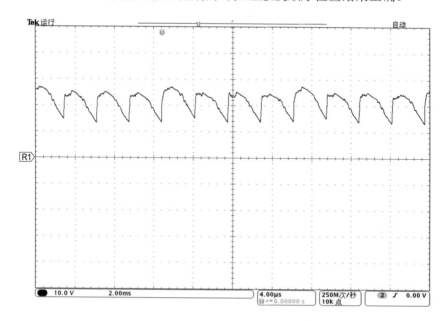

图 9－5　极 I 低端换流阀试验波形 1

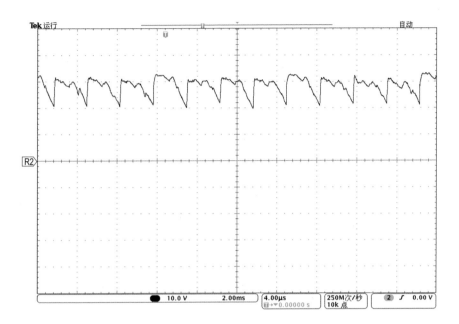

图 9-6　极 I 低端换流阀试验波形 2

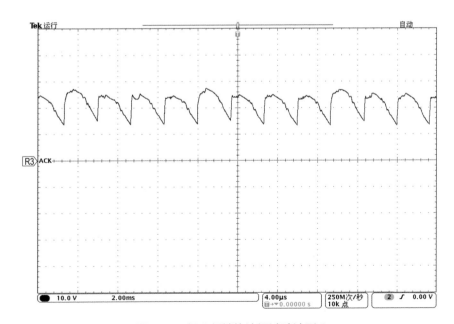

图 9-7　极 I 低端换流阀试验波形 3

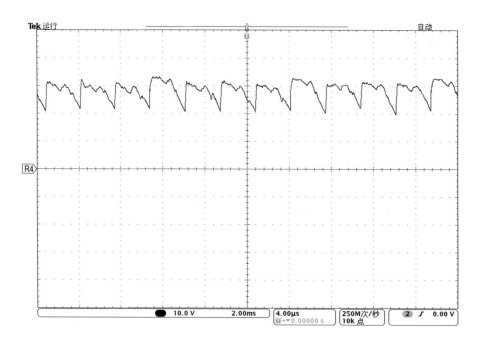

图9-8　极Ⅰ低端换流阀试验波形4

参　考　文　献

[1] 赵畹君. 高压直流输电工程技术 [M]. 2版. 北京：中国电力出版社，2010.

[2] 丁一工，康健，金涛. 高压直流换流阀的低压加压试验研究 [J]. 湖北电力，2003（S1）：20-22+26.

[3] 卢子敬. 高压可控硅换流阀低压加压试验的实际应用[J]. 湖北电力，2008，32（S1）：107-109.

[4] 郭磊，寇晓适，王君亮，等. 高压直流换流阀低压加压试验的实际应用[J] 河南电力，2010（3）：25-27.

[5] 朱奕帆，鲍伟，高继鸣. ±800kV 特高压直流输电换流阀组低压加压试验方法探讨和应用 [J]. 华东电力，2010，38（11）：1717-1720.

[6] 郝克，张斌，敬涛，等. ±800kV 换流阀低压加压试验方法 [J]. 山东电力

技术，2015，42（3）：43－48.

［7］ 刘耀，庞广恒，李新年. 特高压直流输电工程调试换流阀低压加压试验时直流电压异常跌落分析［J］. 高电压技术，2013，39（3）：623－629.

［8］ 孔圣立，王君亮，石光，等. 750MW 换流站高压晶闸管换流阀低压加压试验分析［J］. 现代电力，2011，38（1）：24－27.

［9］ 国家电网公司. ±800kV 直流输电工程换流站电气二次设备交接验收试验规程：Q/GDW 264—2009［S］. 北京：中国电力出版社，2010.

后　记

　　本书介绍的特高压直流电气设备现场试验新技术、新装备已在特高压直流输电工程中得到广泛应用，极大地提高了高压电气设备现场试验的效率、水平和质量，大大降低了安全风险与工程成本，提高了工作的灵活性和机动性。这些技术很多已形成标准，具有独立的知识产权。这些技术和装备的推广及应用，为特高压电网的安全稳定运行提供了强有力的技术支撑，尤其在基建工程项目的重大设备绝缘缺陷处理以及运行电网的事故抢修等过程中具有重大的应用价值。

　　在已经取得的成绩基础上展望未来，编写组认为以下方向需要开展持续研究：

　　第一，大力推广和应用先进的数字技术，提升高压电气设备现场试验检测技术能力。

　　第二，积极探索和提高现场用试验检测装备的智能化水平。

　　第三，建设多信息融合并实时反映设备状态的技术手段，为大数据应用奠定基础。

　　第四，加强高压电气设备现场试验技术标准体系建设，为实现工业化应用提供坚强的技术支撑。

　　期待全国同行携手再创佳绩，共同推动特高压电气设备现场试验技术的发展。

编　者

2023 年 5 月